CMP BOOKS

机工IT

Python开发从入门到精通系列

U0179212

Python

高效编程实践指南

编码、测试与集成

杨勇 杨杭之 / 编著

机械工业出版社

CHINA MACHINE PRESS

本书先简单介绍了搭建开发环境的相关知识，然后以一个规范的 Python 项目的文件布局总揽全局，按照编码、单元测试、代码管理、集成测试、撰写技术文档、发布安装包的次序，逐一剖析 Python 开发中所涉及的规范和工具。书中介绍了基于语义的版本管理、依赖解析、构建打包、代码风格、API 文档格式等规范。通过不同开发工具（服务）之间的对比，向读者介绍了 poetry、MkDocs、tox、Flake8、Black、Git、GitHub CI、Codecov、GitHub Pages、pre-commit hooks 等符合最佳实践的开发工具和服务。随书附赠本书案例源码，获取方式见封底。

本书在讲解上本着知其然，更要知其所以然的求知态度，力求讲清楚技术的来龙去脉。任何 Python 爱好者都适合阅读此书，且本书更是 Python 初学者实现向专业开发人员蝶变的推荐书籍，使用本书介绍的最佳实践，可以构建出与优秀开源项目媲美的框架代码，并获得与专业开发者协同工作的能力。

图书在版编目（CIP）数据

Python 高效编程实践指南：编码、测试与集成 / 杨勇，杨杭之编著. —北京：机械工业出版社，2024.7

（Python 开发从入门到精通系列）

ISBN 978-7-111-75675-0

Ⅰ．①P⋯　Ⅱ．①杨⋯　②杨⋯　Ⅲ．①软件工具-程序设计-指南　Ⅳ．①TP311.561

中国国家版本馆 CIP 数据核字（2024）第 081827 号

机械工业出版社（北京市百万庄大街 22 号　邮政编码　100037）

策划编辑：李晓波　　　　　责任编辑：李晓波　王海霞
责任校对：张爱妮　牟丽英　责任印制：刘　媛
北京中科印刷有限公司印刷
2024 年 7 月第 1 版第 1 次印刷
184mm×240mm · 14.5 印张 · 325 千字
标准书号：ISBN 978-7-111-75675-0
定价：89.00 元

电话服务　　　　　　　　　网络服务

客服电话：010-88361066　　机　工　官　网：www.cmpbook.com
　　　　　010-88379833　　机　工　官　博：weibo.com/cmp1952
　　　　　010-68326294　　金　书　网：www.golden-book.com
封底无防伪标均为盗版　　机工教育服务网：www.cmpedu.com

众所周知，程序设计语言大致经历了三个发展阶段，从最初的机器语言到汇编语言，再到高级语言，其目标无非就是不断提高程序设计的效率、拓展程序的功能、极致发挥硬件的性能和提升更强大的实用针对性。随着计算机技术、互联网技术以及人工智能技术的发展，人类正在朝着一个全面智能化的社会迈进，与之伴随的就是 Python 计算机编程语言以及配套的软件工具和库的诞生和迅速普及。

Python 属于一个开源的语言，简单易学、功能强大、代码简洁、可移植性好、程序开发周期短。此外由于 Python 还有许多强大的开源库，从而使得 Python 无论是对云计算、大数据处理以及人工智能应用的开发，都提供了强有力的支持。

尽管 Python 语言 1991 年就正式推出了，但其真正普及还是得益于近年来大数据处理和人工智能技术发展的迫切需求。实际上，从程序开发者的角度来看，开发者时不时都会在 C++、Java 和 Python 语言之间做开发工具的比较和选择，尤其是在构建大型复杂应用程序时，这一抉择的"难度"更显突出。之所以会存在这一现象，除了对已有开发工具的熟悉程度存在惯性思维习惯之外，实际是某种角度上对 Python 语言开发大型应用场景的"能力"持一定的怀疑程度。

《Python 高效编程实践指南：编码、测试与集成》一书的作者以其多年实践的积累，通过大量具体的实践案例，如 ChatGPT 服务集群的构建，很好地诠释了 Python 语言不仅能满足诸如云计算、大数据处理、人工智能应用开发的需求，而且在构建大型应用场景时也并不比 C++和 Java 逊色。

我身为一个计算机领域的"老兵"，在华中科技大学计算机科学与技术学院从事教学科研工作以及指导研究生多年，而作者正是众多随我度过三年研究生珍贵学习时光的优秀学生之一，并且在他离开学校步入社会实践的二十来年，我们时不时都会就某些技术问题交换彼此的看法，共同为推动计算机技术的发展贡献我们一点微薄的力量。

我非常愿意、也十分荣幸向有志于 Python 编程实践的开发工程技术人员以及正在就读的大学生爱好者推荐此书，希望你们能从中获取一些有益于提升自己编程能力和技巧的帮助。

华中科技大学计算机学院教授、博士生导师
——陈晓苏

序二

我毫不犹豫地接受了作者为本书作荐的邀请，同时也战战兢兢，生怕有负重托。

我作为一名老 quant（金融方向的工程师）和资深老"韭菜"，在面对年龄经验日益不能确保转化为能力和产出的事实时，强迫自己以学而不殆、皓首穷经的态度日复一日地在知乎、CSDN 等资源集中地勤学苦练，还因吃了好菜一定要见后厨的好奇心，邂逅了一众天赋异禀更兼勤奋努力的青年同道，并在和他们的交流中获益匪浅。"量化风云"微信公众号管理员杨勇，我的老乡和学弟，就是其中的佼佼者。《Python 高效编程实践指南：编码、测试与集成》是他的开山之作和心血所凝，真诚、细致地分享了他在该领域数年的经验、见解和智慧。

本书清楚、完整地诠释了为什么 Python 可以，或者说，Python 在绝大多数情况下应该是核心编程和系统开发的首选，从语言特性、便捷程度和可拓展性，到纵向的流程设计分析，再到横向的工具、资源和社区支持介绍，组织了大量的实例和技巧，展示了该语言和其生态环境在脚本撰写、资源集成、项目研发、系统设计、数据库管理、科学计算、人工智能等诸多领域内的日益突出的优势，甚至在大型应用程序端媲美 C、C++、Java 的出色表现。

本书作者的量化金融专业背景和视角一定会让众多的 quant 同道心有戚戚，而我也回忆起自己十多年前在芝加哥入行时，首次使用 Python 开发量化投资策略和研究系统时的四顾茫然，不知道有什么样的资源和工具，应该怎么去设计和实现。时至今日，大部分问题和疑惑都已然得到可行的答案，但如果彼时手头有这样一本书，那必定会让我的努力更加有的放矢，既省去不少无效的摸爬滚打，也让结果变得更稳定可靠，一路走来，多产出数个夏普 3 以上的策略也是很有可能的。想到这里，我是有点羡慕嫉妒即将读到本书的幸运儿们的。

即便偶有专美之心，对开源的信仰和承诺，也使我自觉有义务以毫无保留的态度，向有志于 Python 编程实践并进行系统性开发工作的读者们推荐本书。如今，在计算机编程和系统开发领域，有很多面面俱到、罗列万象、体现作者专业素养和高明见识，却让读者失去焦点不见庐山的所谓的"百科全书"，更不乏诸多循序渐进、一板一眼却稍显按部就班、拖沓臃肿，以致阅读过程如同嚼蜡的教程手册。而本书却另辟蹊径，以宁缺毋滥的背景知识、主次分明的节奏、俯拾皆是的技巧和转页即遇的幽默感将知识、经验、目的和实用结合得严丝合缝，更给阅读体验增加了轻快愉悦的成分。

在写作本文的同时，我已经急不可耐地等着推荐作者的下一本书，并视之为殊荣和特权了。

June BlackBox 量化研究副总裁、勤远私募合伙人

——朱灵引 博士

两年前，笔者偶然间在知乎上浏览到一个话题：在大型项目上，Python 是个烂语言吗？截至本书定稿时，这个问题得到了近 600 万的浏览量，而多数人的看法是，Python 并不适合做大型项目。

这是一个典型的认知偏差。一般认为，大型应用多会采用微服务架构进行部署，以满足高性能、高可用和可伸缩性要求。微服务部署的基础是 Docker 容器。Docker 的官方网站的数据显示，基于 Python 的容器下载量（超过 10 亿次），与 OpenJDK（即 Java）的下载量相当。而 Java 一直被认为是服务器应用的主流开发语言，这项数据表明，在全球范围内，Python 已经是大型应用部署的主流开发语言了。

在国内，这种认知偏差的不利影响正在显现：近几年来，相当多的人学习了 Python，但数据分析与人工智能领域并不需要这么多 Python 开发者，如果国内软件工业界也抱着陈旧的认知，拒绝使用 Python 来开发大型应用程序的话，这样势必导致大量人才的浪费，也会导致国内外 Python 应用水平进一步拉大。

对于 Python 不适合开发大型项目的报怨主要有两条：第一条是 Python 的语言的性能较差，最核心的是由于 GIL 锁，Python 程序难以利用现代 CPU 的多核性能；第二条则是 Python 是一门动态语言，在缺乏类型约束的情况下，开发自由度比较高，代码维护比较困难。

实际上，大型应用程序的性能主要是架构问题。通过像 Ray 这样的 Python 分布式框架的支持，ChatGPT 在 2023 年 4 月间就已经支撑了超过 1 亿月活跃用户，并且目前还不知道这个平台的瓶颈在哪里。究竟有多少应用需要比 ChatGPT 更为强大的算力呢？

而第二个问题，则是本书致力于解决的核心问题。大型项目往往需要大型研发团队共同协作，如何设置一套好的流程、规范和约定，让团队成员都能像在流水线上一样流畅自然地工作，是成功开发大型项目的关键之一。

关于这个问题，开源社区其实有非常好的实践。开源项目能够只使用非常少的人力资源（而且往往是兼职），就能开发出质量很高的项目，关键就是遵循了优秀的软件开发流程，这样才能随时中断、随时重新开始，并且以高质量减少 issue 的发生，保证了开发效率的提高。

本书把 Python 开源社区中广泛使用的开发流程、工具和习惯介绍给读者，从根本上回答了开发大型 Python 应用，团队应该如何设置开发环境、约定代码风格、管理开发测试质量和代码版本，如何进行持续集成和发布，以及如何撰写和发布技术文档的问题，这正是这本书的编写目的。

全书共分 11 章，涵盖了 Python 项目开发的全流程，重点介绍了 VS Code（及部分扩展）、Anaconda、pip、poetry、pre-commit、lint 工具、Git/GitHub、tox、Codecov、Pytest/Unittest、GitHub CI、Sphinx、MkDocs 等多种开发工具，并且通过 Python Project Wizard 工具，以一套完整的工具链形式提供给读者。

推荐有一定基础且希望更上一层楼的 Python 开发者，或者团队领导者、项目经理、高级测试和运维人员阅读此书。希望此书能对推动国内软件工业界重新认识 Python，更好地使用 Python 进行开发，发挥一点作用。

在本书写作中，笔者得到了机械工业出版社李晓波老师的大力支持。成书之际，不由得回想起当初一起为本书推敲的那些熬夜的日子，也感谢几年来他的耐心推动。在此特别鸣谢！

目录

第1章
为什么要学 Python

  2020 年，欧洲太空署（European Space Agency）打算向火星派出一个探测器（如图 1-1 所示），把一些岩石样品带回地球，以检测火星上是否存在生命。受燃料限制，探测器只能带回 500g 的火星岩石。因此，只有精心挑选的样本才能被带回地球。科学家们准备构建一个现场挑选器，这个挑选器必须具有视觉重建能力，为此，他们构建了一个人工神经网络。在这项任务中，无论是构建神经网络和多 CPU 集群，还是通过 PyCUDA 来使用 NVIDIA 的 CUDA 库，都重度依赖 Python。

图 1-1　勇气号火星探测器

  第一个登陆火星的编程语言，是 Java。它是作为勇气号（Spirit）探测器系统的一部分，于 2004 年 1 月 4 日在火星上着陆的。而这一次，为了完成更复杂、更智慧的任务，科学家们选择了 Python。

做出这个选择并不奇怪。实际上，随着人工智能的兴起，Python 已成为当前最炙手可热的开发语言，其排名在最重要的编程语言排行榜 TIOBE 上逐年攀升（如图 1-2 所示）。

Jan 2023	Jan 2022	Change		Programming Language	Ratings	Change
1	1			Python	16.36%	+2.78%
2	2			C	16.26%	+3.82%
3	4	∧		C++	12.91%	+4.62%
4	3	∨		Java	12.21%	+1.55%
5	5			C#	5.73%	+0.05%
6	6			Visual Basic	4.64%	-0.10%
7	**7**			**JavaScript**	**2.87%**	**+0.78%**
8	9	∧		SQL	2.50%	+0.70%
9	8	∨		Assembly language	1.60%	-0.25%
10	11	∧		PHP	1.39%	-0.00%

图 1-2　编程语言排名趋势

不仅如此，自从 TIOBE 开始编制各种开发语言的排行榜以来，Python 还分别于 2007 年、2010 年、2018 年、2020 年和 2021 年五夺"年度之星"称号（如图 1-3 所示），这也是唯一一个五次获得该称号的开发语言。

Year	Winner
2022	🏆 C++
2021	🏆 Python
2020	🏆 Python
2019	🏆 C
2018	🏆 Python
2017	🏆 C
2016	🏆 Go
2015	🏆 Java
2014	🏆 JavaScript
2013	🏆 Transact-SQL
2012	🏆 Objective-C
2011	🏆 Objective-C
2010	🏆 Python

图 1-3　编程语言名人堂

此外，VS Code 中 Python 语言扩展的下载次数超过 1.1 亿次，C/C++是 0.6 亿次，

Docker Hub 下 Python 镜像的下载次数超过 10 亿次，由此看出 Python 的受欢迎程度。

那么，Python 是一门什么样的语言？它在开发上究竟有何优势，以至于能得到如此这般名声呢？我们常常听人说（尤其是在中文社区），Python 不适合用来开发大型应用程序，这是真的吗？本书将尝试回答这些问题，特别是从软件工程的角度，阐述应该遵循什么样的开发流程和规范，又要使用哪些工具和技巧，才能快速开发出复杂大型应用程序。

Python 是一门有着悠久历史的开发语言，它由出生于荷兰的程序员 Guido Van Rossum 开发。Guido Van Rossum 在国内被粉丝亲切地称作"龟叔"。从创立这门语言起的长达 30 年时间里，Guido Van Rossum 就一直以他的热情和热爱来指引着这门语言的未来发展方向，被称作"仁慈的终身独裁者"（the benevolent dictator for life）。大约在 2018 年，他有过一段短暂的退休经历，不过很快于 2020 年重新回归社区，加入微软并继续领导 Python 的开发。

Python 的最初版本于 1994 年 1 月发布，甚至还要早于 Java。一开始，它吸收了很多 Lisp 语言的特性，比如引入了函数式编程工具，其痕迹一直遗留到今天——这就是现在仍然在广泛使用的 reduce、filter、map 等函数的出处。在那时，Perl 还是一种非常流行的脚本语言，Python 也从中吸收了很多成熟模块的功能，这样就成功地留住了一批寻找 Perl 的替换语言的用户。

Python 2.0 发布于千禧年（2000 年）。这一版本最重要的改变，不是新增了哪些功能，而是在流程和规范上的改变：首先，Python 的开发者们迁移到了新的代码管理工具，之前他们使用的是 CVS。这一工具因无法支持团队合作开发，严重降低了团队开发效率；其次，他们仿照 RFC，做了一个 PEP（Python 改进提案）计划，任何新增的功能和变动，都必须先经过 PEP 提出、评论和确认之后，才会正式纳入开发计划。正是这些改变，使得 Python 的发展走上了成功之路。

2.0 版在功能上的重大变化，是开始使用 16 位的 Unicode 字符串（注意这并不是我们现在常用的 UTF-8 编码），这使得 Python 得以走出英语文化圈，开始了国际化之路。

2001 年年底，Python 2.2 发布，使得 Python 成为一门纯粹的面向对象的编程语言。这一段时间，Java 在企业应用端越来越普及，而 Python 则在数据和基础设施管理方面找到了用武之地。

2008 年，Python 3.0 版本发布，因其与 2.×完全不兼容（Python 2.7 为 Python 2.×的最终版），成为 Python 历史上最具争议的一个版本，但也就此甩掉了长期以来积累的沉重包袱。此后，Python 轻装上阵，直到 3.6 版本成为 Python 3 系列第一个比较稳定可靠的版本。也是在这个过程中，随着大数据、机器学习与人工智能的快速演进，Python 进一步发挥出它的优势，被越来越多的人认识和使用。

Python 是一门优雅迷人、易于学习和高效的开发语言。从一开始，它就把优美易读、接近自然语言和易于开发作为第一目标，把编程的快乐重新还给开发者。在 1999 年，创始人 Guido Van Rossum 发起了一项名为 CP4E（Computer Programming for Everybody）的运动，旨在让几乎所有人都能编写和改进计算机程序。这项运动的发起宣言在这里[①]。它写道，若

---

① 关于 CP4E 运动的更多内容可参阅 https://www.python.org/doc/essays/cp4e/。

干年前，施乐公司曾经提出了让每个桌面都摆上一台计算机的宏大愿景，这个愿景早已实现。但是，计算机还不够灵活。如果让每一个人都有能力为他们的计算机编程，会怎样？

这项运动的目标之一，就是为中学生设计一门编程语言课。我们看到，现在国内很多省份已经开始要求中学生学习 Python 编程，可以说，这项运动的理念潜移默化地在世界范围内得到了认同。实际上，正是由于 Python 语言的简洁优美，接近自然语言、无须编译的特性，才使得 CP4E 的目标有可能实现。

如果说优雅迷人还有些主观的成分，毕竟每个人心中的审美标准可能不尽相同。但很少会有人不承认 Python 的简洁高效。"人生苦短，我用 Python"不仅是一句口号，更是 Python 程序开发高效率的一个真实写照。

与其他开发语言相比，实现同样的功能，在不借助于函数库的前提下，Python 代码始终是最少和最易读的。如果在 C、Java 和 Python 三者间进行比较的话，Java 是代码量最大的语言，要比 C 语言长 1.5 倍，而比 Python 长 3~4 倍。我们以输出一个数组的元素为例来体验一下。

这是 Python 的例子：

```python
arr = ["Hello, World!", "Hi there, Everyone!", 6]
for i in arr:
    print(i)
```

这是 Java 的例子：

```java
public class Test {
    public static void main(String args[]) {
        String array[] = {"Hello, World", "Hi there, Everyone", "6"};
        for (String i : array) {
            System.out.println(i);
        }
    }
}
```

仅看定义和输出数组元素值部分的代码。两种语言都只需要三行代码，但是 Python 的代码明显更短，更不要说 Python 还有所谓的 "pythonic" 的写法：

```python
[print(i) for i in ["Hello, World!", "Hi there, Everyone!", 6]]
```

当然这么写还是有争议的，对一些人来说，它牺牲了可读性。

我们再看一个变量交换的例子。这段代码是 C 语言的例子：

```c
// C program to swap two variables in single line
#INCLUDE <STDIO.H>
int main()
{
    int x = 5, y = 10;
```

```
    //(x ^= y), (y ^= x), (x ^= y);
    int c;
    c = y;
    y = x;
    x = c;
    printf("After Swapping values of x and y are %d %d", x, y);
    return 0;
}
```

这段代码是 Java 语言的例子：

```
class Foo{
    public static void main(String[] args)
    {
        int x = 5, y = 10;
        //x = x ^ y ^ (y = x);
        int c;
        c = y;
        y = x;
        x = c;
        System.out.println("After Swapping values"+" of x and y are " + x + " " + y);
    }
}
```

这段代码是 Python 的例子：

```
x, y = 5, 10
x, y = y, x
print("After Swapping values of x and y are", x, y)
```

Python 的语法显然更简单，它就像我们每天使用的自然语言一样，似乎不借助任何复杂的技巧，甚至不需要懂所谓的编程知识，就能够实现这些功能。C 和 Java 虽然也都能不借助第三个变量，实现一行代码完成变量的值交换，但这样的代码需要一定的技巧，因而容易出错。

简洁（但不需要借助于复杂的技巧）的代码显然更加容易阅读和理解，从而大大加快了开发的速度。的确，在这个信息过载的时代，简洁越来越显示出强大的力量：JSON 取代 XML 成为更多人用来传递数据的工具；Markdown 则取代了 html、reStructuredText 和 Word 成为人们的文档格式。

删繁就简三秋树，领异标新二月花。烦琐、夸张的巴洛克艺术，无论其多么精致、多么吸引眼球，都无法在这个高度内卷的年代逃脱批判。我们需要那些能够成为我们直觉的工具、符号和思想，以便让我们能够快速响应这日益复杂的世界。

注意：

简单即是美。这种哲学思想大致起源于奥卡姆。达·芬奇也有类似的思想："简单是极致的精巧"，尽管精巧才是达·芬奇时代的审美。如果你对这些思想感兴趣，可以进一步阅读 John Maeda 撰写的书籍 *The Laws of Simplicity*。

语言的简洁、优美在 Python 中的地位是如此重要，以至于它被写进了"Python 之禅"-PEP 20：

Beautiful is better than ugly.
优美胜于丑陋。
Explicit is better than implicit.
明了胜于晦涩。
Simple is better than complex.
简单优于复杂。
Complex is better than complicated.
复杂优于凌乱。
Flat is better than nested.
扁平好过嵌套。
Sparse is better than dense.
稀疏强于稠密。
Readability counts.
可读性很重要。
Special cases aren't special enough to break the rules.
特例亦不可违背原则。
Although practicality beats purity.
即使实用战胜了纯粹。
Errors should never pass silently.
错误绝不能悄悄忽略。
Unless explicitly silenced.
除非我们确定需要如此。
In the face of ambiguity, refuse the temptation to guess.
面对不确定性，拒绝妄加猜测。
There should be one - and preferably only one - obvious way to do it.
永远都应该只有一种显而易见的解决之道。
Although that way may not be obvious at first unless you're Dutch.
即便解决之道起初看起来并不显而易见。
Now is better than never.
做总比不做强。
Although never is often better than *right* now.
然而，不假思索还不如不做。
If the implementation is hard to explain, it's a bad idea.
难以名状的，必然是坏的。
If the implementation is easy to explain, it may be a good idea.
易以言传的，可能是好的。
Namespaces are one honking great idea - let's do more of those!
名字空间是个绝妙的主意，请好好使用！

这段文字甚至还以彩蛋的方式出现。如果执行以下的命令：

```
python -c 'import this'
```

就会输出上面的文字。任何时候，如果我需要引用"Python 之禅"，都会使用这个方法。

PEP 20 还藏着另一个彩蛋。它应该有 20 条规则，但实际上只能看到 19 条，这是为什么呢？

实际上，第 20 条规则是留给 Guido 的特权，多年来，社区一直在等待他来添加这一条规则。这也反映了社区对 Guido 的尊敬和热爱。不过，10 多年过去了，迄今为止，Guido 都没有使用这一特权，这第 20 条"军规"，也就一直空缺到现在。

Python 的高效还体现在它无须编译即可运行上。像 C、Java 这样的编译型语言，如果我们写完一小段程序，想看看它是如何运行的，我们必须等待它完成编译——这个时间可能是几十秒或者以分钟甚至小时计——这将导致程序员的工作被打断。图 1-4 所示的讽刺漫画反映了这种情况。

图 1-4　等待编译是摸鱼的最佳理由

而在 Python 中，我们随时可以打开它的交互式编程界面（即 IPython)，输入一小段代码，马上就看到它的运行结果。图 1-5 显示了如何在 IPython 界面下计算数学问题。

```
(mkdocs) root@6de00d098d2c:/apps/best-practice-python# ipython
Python 3.8.10 (default, May 19 2021, 18:05:58)
Type 'copyright', 'credits' or 'license' for more information
IPython 7.23.1 -- An enhanced Interactive Python. Type '?' for help.

In [1]: import math

In [2]: 3 * math.sin(math.pi/2)
    2  3.0
```

图 1-5　交互式编程界面

如果你不喜欢使用 IPython 这种命令行式的界面，也可以安装 Jupyter Notebook 来编写和运行 Python 代码片段。关于 Jupyter Notebook，我们还会在介绍 IDE 时进一步介绍。此外，随手写一个 Unittest，通过 Unittest 来测试你刚写的方法也会比其他语言来得更容易。因此，使用 Python，你会发现学习和成长是如此容易！

最后，Python 能成为一门高效开发语言，还得益于它庞大和活跃的社区。在 Python 世界里，你很容易发现一些造好的"轮子"，因此构建应用程序就像搭积木一样简单。比如，有时候需要显示一些 html 格式的文档，或者以 Web 的方式展现本地文件以供下载，我们就可以如下所示简单地启动一个 HTTP 服务器：

```
python -m http.server
```

这样就启动了一个 Web 服务器，它会列出命令启动时的文件夹目录，而不需要安装和设置任何软件。

名满天下，谤亦随之。作为一种适合几乎所有人使用的编程语言，Python 在承载希望的同时，也承担了许多质疑。这些质疑中声量最大的，当属对 Python 性能和构建大型复杂应用程序能力的质疑。

诚然，Python 与其他开发语言相比，在运行速度上确实要落后不少。某种程度上，这种落后甚至是有意为之，因为很长一段时间以来，"Python 之父"Guido 并不认为需要过多地关注 Python 的性能问题，它已经足够快了。确实，对 99%以上的任务来说，Python 的性能是足够的，快到足够支撑早期的 Google 和 Dropbox——这是很多程序员一生都难以遇到的应用场景。从那个时候起，Python 在性能上又有了长足的进步。2023 年，ChatGPT 的问世——它的高性能计算后台，正是由 Python 下的 Ray 库来实现的——不仅告诉我们人工智能的语言模型可以有多先进，而且还告诉我们，Python 也可以写出高性能、高可扩展性的大型分布式计算平台[①]。目前，这个平台已经支撑了超过 1 亿月活跃用户，我们还不知道这个平台的瓶颈在哪里。因此，我们恐怕再也不能说，Python 不适合构建大型应用程序了吧？

但是，人们也有理由要求 Python 运行得更快。毕竟，无论人们已经使用 Python 构建出了算力惊人的计算平台，但 Python 的单进程计算能力在许多场景下仍然较多数语言慢。如果 Python 本身运行较慢，再加上应用程序的架构设计很糟糕的话，那么还可能出现性能瓶颈。但需要指出的是，糟糕的应用程序架构是绝大多数应用产生性能瓶颈的原因，而不应该由开发语言来背黑锅。比如，很多人诟病 Python 的 GIL（Global Interpreter Lock，全局解释器锁）使得 Python 无法充分利用多线程的优势。但实际上，在程序中使用多线程很多时候是个坏主意，你应该使用 Coroutine 和多进程来代替它，这样往往能达到更好的性能。

不过，在不远的将来，我们将再也不用为 Python 的性能问题担忧：在 2021 年 5 月的 Python 开发者峰会上，Guido 已经宣布了一个计划，要在未来四年里，将 Python 的性能提升 5 倍甚至更多。我们不妨畅想一下，到那时，Ray 会不会成为世界上算力最强的计算平台之一呢？

另一个问题是关于 Python 是否适合大型复杂应用程序的开发。如果说对 Python 性能的质疑还有其事实依据，这个质疑则只能反映提问者对 Python 的开发缺乏了解。这些质疑具

---

① 实际上，在 Python 世界里，至少存在着 Ray 和 Dask 这样两个可以组织上千台机器协同工作的高性能计算平台。

体地说，一是 Python 的动态类型特性使得类型推断变得困难，这对代码的静态检查和重构十分不利；二是由于 Python 代码没有编译过程，因此就缺少了编译时检查这一发现错误的机制。

关于第一个质疑，Python 从 3.3 版起就引入了类型声明，到 Python 3.8 时已基本形成体系。因此只要代码遵循规范来编写，类型推断和代码重构就不是问题。JavaScript 就是一个生动的例子，它同样是动态语言，但引入类型提示之后升级为 TypedScript 语言，现在非常成功。关于第二个质疑，编译时检查只是增强代码质量的一种方案，而不是唯一的方案。检验代码质量的唯一标准，就是它运行时能否满足期望。这正是单元测试、集成测试所要做的事。由于 Python 的动态类型特征使得构建 Mock 对象十分简单，因此单元测试也变得格外容易。这样会鼓励程序员更多地进行充分和全面的单元测试，从而极大地提高代码质量。

因此，在编者看来，一些人之所以质疑 Python 能否用以大型应用程序开发，更多的是因为他们并不了解和熟悉 Python 软件开发流程、规范和工具。实际上，如果遵循 Python 软件开发的最佳实践，用好规范和工具，使用 Python 开发大型应用程序，可以极大地缩短开发时间，提高开发效率，也更容易取得商业上的成功。

介绍这些流程、规范和工具，让你和你的团队能够基于 Python 开发出像 ChatGPT 那样强大的算力平台，这正是本书的目标。

第 2 章
构建高效的开发环境

尽管条条大路通罗马，但毕竟有的路走得更平稳、更快捷，更不要说有的人甚至就住在罗马。对于程序员而言，你的开发环境有多好用，你离罗马就有多近。因此，我们的旅程从这里开始。

2.1 选择哪一种操作系统

看上去，操作系统是一个与编程语言无关的话题，特别是像 Python 这样的开发语言，它编写的程序几乎可以运行在任何一种操作系统上。但是，仍然有一些微妙的差别需要考虑。首先，Python 更适合用于数据分析、人工智能和后台开发，而不是用于开发桌面和移动端应用。而无论是大数据分析、人工智能还是后台开发，往往都部署在 Linux 服务器环境下。因而，这些应用所依赖的生态也往往构建在 Linux 下（比如大数据平台和分布式计算平台）。一些重要的程序库，尽管最终可能都会兼容多个操作系统，但由于操作系统之间的差异，它们在不同操作系统下的版本发布计划往往是不一样的。一些开源的程序和类库往往会优先考虑 Linux 操作系统，它们在 Linux 上的测试似乎也更充分。

我们可以举出很多这样的例子，比如，量化交易是 Python 最重要的应用领域之一。而 TA-Lib 则是其中一个常用的技术分析库。该库使用了一个 C 的模块，需要在安装时进行编译。在 Windows 下进行编译，需要下载和配置一系列的 Visual C++的编译工具，对 Python 程序员而言，这些操作会有一定难度，因为很多概念都是 Python 程序员并不熟悉的。而如果你使用的是 Linux 操作系统，尽管编译仍然是必需的，但安装和编译只需要运行一个脚本即可。

不仅仅是 Python 程序库如此，我们需要依赖的各种服务可能也是如此。比如，尽管可以在 Windows 机器上安装桌面版的 Docker，然后运行一些 Linux 容器，但 Windows 下 Docker 对资源的利用远不如在 Linux 下来得充分——它们是在 Docker 服务启动时就从系统中划走的，无论当下是否有容器在运行，这些资源都无法被其他 Windows 程序使用。从根本上讲，这种差异是 Windows 不能提供容器级别的资源隔离造成的。

在本书的后面将讲到 CI/CD，这些都需要使用容器技术。那时，读者将更加体会到使用 Linux 的种种方便。比如，我们将会使用 GitHub Actions 提供的容器来运行测试，但是，因为授权的问题，免费版的 GitHub CI 提供的容器将不包括 Windows。

如果这些理由还不够有说服力，我们还可以看看资深程序员是如何选择操作系统的。图 2-1 是 Stack Overflow 网站在 2022 年的一个调查结果图。

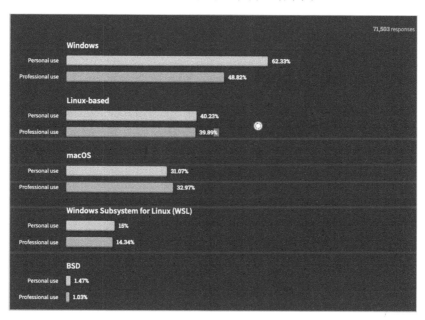

图 2-1　各操作系统用户排名

从图中可以看出，如果把 Linux 自身的使用量与 WSL（Windows Subsystem for Linux）的使用量（WSL 是一种 Linux）加在一起，Linux 已经是排名第一的操作系统。

基于上述原因，我们推荐使用 Linux 作为开发 Python 项目的操作系统。本书中提到的工具、示例和程序库，除非特别说明，也都默认地使用 Linux 作为运行环境，并在 Linux 下测试通过。

但是，你很可能并不会喜欢这个建议，因为你的电脑就是 macOS 或者 Windows。好消息是，macOS 和 Linux 都是所谓的"类 UNIX"操作系统，它们之间有极高的相似度。所以，如果你的电脑是 macOS 操作系统，你大可不必另外安装一个 Linux。如果你的电脑是 Windows 操作系统，我们在下面也提供了三种方案，让你的机器也能运行一个虚拟的 Linux 操作系统用于开发。

2.1.1　Windows 下的 Linux 环境

在 Windows 下有三种构建 Linux 虚拟环境的方式。其中之一是 Windows 的原生方案，即使用 WSL，其他两种方案则分别是 Docker 和虚拟机方案。

WSL 是 Windows 10 的一个新功能。通过 WSL，在 Windows 之上运行一个 GNU/Linux 环境。在这个环境里，绝大多数 Linux 命令行工具和服务都可以运行，而不需要设置双系统或者承担虚拟机带来的额外代价。

当前有两个版本可用，即 v1 和 v2，编者更推荐使用 v1。WSL 2 的体验更像一台真正的虚拟机，因此与 Windows 的集成性反而更差一些。

1. 安装 WSL

如果你的 Windows 10 是 2004 及更高版本的，或者是 Windows 11，则只需要一条命令即可完成安装：

```
wsl --install --set-deflaut-version=1
```

这将安装 WSL 1 版到你的机器上。如果是稍早一点的系统，则需要执行以下步骤。

1）启用"适用于 Linux 的 Windows 子系统"功能，如图 2-2 所示。

图 2-2　启用"适用于 Linux 的 Windows 子系统"功能

设置后，需要重启一次电脑。

2）从 Windows 应用商店搜索并安装一个 Linux 发行版，在这里的示例中，我们使用 Ubuntu（图 2-3）。

3）现在在搜索栏输入"Ubuntu"，就会打开 Ubuntu shell。由于是第一次运行，此时会提示输入用户名和口令。这样 WSL 就安装成功了。此后，也可以通过在搜索框中输入 wsl 命令来启动这个系统。

图 2-3　Windows 商店中的 Ubuntu

2．定制 WSL

使用 WSL 1 版本是一种特殊的体验。它既像一个虚拟机，但又缺乏部分功能，比如，它没有后台服务这个概念。我们可以在其中安装一些服务，比如 Redis 或者数据库，但这些后台服务并不会随 WSL 一同启动，必须手动启动。但是，可以通过定制使得 WSL 的使用体验更接近一台虚拟机。

定制将实现两个功能，一是让 WSL 虚拟机随 Windows 自动启动。二是当 WSL 启动后，它能自动运行一个 ssh 服务，这样就可以随时连接并使用这台 WSL 虚拟机。学会定制之后，读者也可以让 WSL 启动之后自动运行更多的后台服务。

实现 WSL 服务自启动需要写三个脚本：start.vbs、control.bat 和 commands.txt，并且增加一个开机自动执行的计划任务。当 Windows 开机后，这个计划任务自动执行，调用 start.vbs 来执行 control.bat，而 control.bat 则会启动 WSL（及其依赖的 Windows 服务），并在 WSL 环境下执行定义在 commands.txt 中的那些命令——即将要在 WSL 中运行的服务，比如 ssh server。整个过程如图 2-4 所示。

图 2-4　WSL 服务自启动过程

首先在 commands.txt 文件中定义要在 WSL 中运行的后台服务：

```
/etc/init.d/cron
/etc/init.d/ssh
```

再编写一个批处理脚本，用以启动 WSL，并执行上述命令：

```
#"control.bat"
REM 脚本来源于 https://github.com/troytse/wsl-autostart/
@echo off
REM Goto the detect section.
goto lxssDetect
:lxssRestart
    REM ReStart the LxssManager service
    net stop LxssManager
:lxssStart
    REM Start the LxssManager service
    net start LxssManager
:lxssDetect
    REM Detect the LxssManager service status
    for /f "skip=3 tokens=4" %%i in ('sc query LxssManager') do set "state=%%i" &goto
lxssStatus
    :lxssStatus
    REM If the LxssManager service is stopped, start it.
    if /i "%state%"=="STOPPED" (goto lxssStart)
    REM If the LxssManager service is starting, wait for it to finish start.
    if /i "%state%"=="STARTING" (goto lxssDetect)
    REM If the LxssManager service is running, start the linux service.
    if /i "%state%"=="RUNNING" (goto next)
    REM If the LxssManager service is stopping, nothing to do.
    if /i "%state%"=="STOPPING" (goto end)
:next
    REM Check the LxssManager service is started correctly.
    wsl echo OK >nul 2>nul
    if not %errorlevel% == 0 (goto lxssRestart)
    REM Start services in the WSL
    REM Define the service commands in commands.txt.
    for /f %%i in (%~dp0commands.txt) do (wsl sudo %%i %*)
:end
```

然后编写一个 start.vbs 脚本，来执行 control.bat：

```
#"start.vbs"
' 脚本来源于 https://github.com/troytse/wsl-autostart/
' Start services
Set UAC = CreateObject("Shell.Application")
command = "/c """ + CreateObject("Scripting.FileSystemObject").
            GetParentFolderName(WScript.ScriptFullName) + "\control.bat"" start"
UAC.ShellExecute "C:\Windows\System32\cmd.exe", command, "", "runas", 0
Set UAC = Nothing
```

最后，向计划任务程序中添加一个新的开机启动任务，如图 2-5 和图 2-6 所示。

图 2-5　添加开机启动任务-1

图 2-6　添加开机启动任务-2

　　需要说明的是，通过 Windows 应用商店安装的 Ubuntu 子系统，应该已经安装好了 ssh-server，上述操作只不过是让它随 WSL 一起启动而已。但是，如果你的 WSL 中并没有安装 ssh-server，你也可以自行安装。毕竟，这就是一台 Linux 服务器，你可以在上面安装 Linux 上的绝大多数软件。

　　通过应用上述方案，你就在 Windows 上拥有了两个可以同时运行的操作系统。特别值得一提的是，在不使用 WSL 的时候，它只占用很少的 CPU 和内存资源（仅限 WSL 1）。这是其他虚拟化方案所无法比拟的。

在本书写作时，WSL 2 已经有了支持图形化界面的预览版，称之为 wslg。未来这个版本将合并到 WSL 中，随 Windows 的正式版一起发行。图 2-7 是 wslg 图形化界面的一个效果图。

图 2-7　wslg 图形化界面的效果图

虽然这与本书的主旨无关，但至少也给了我们一个使用 Linux 的理由，就连微软都这么认真地做 Linux 了，你还要继续使用 Windows 来做开发吗？

2.1.2　Docker 方案

WSL 的出现要比 Docker 晚。如果你购机时间较早，那么你的 Windows 可能不支持 WSL，但可以安装 Docker。在这种情况下，你可以尝试安装桌面版的 Docker，然后通过 Docker 来运行一个 Linux 虚拟机。

安装 Docker 可以从其官方网站[①]下载，安装完成后，首次运行需要手动启动。可以通过搜索框搜索 "Docker"，然后选择 "Docker Desktop" 来启动 Docker 桌面版，如图 2-8 所示。

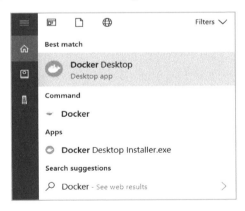

图 2-8　启动 Docker 桌面版

---

① Docker 的官方网站：https://desktop.docker.com/。

当 Docker 启动后，就会在桌面系统托盘区显示一个通知图标，如图 2-9 所示。

图 2-9　通知图标

上图中第三个，鲸鱼图标，即是 Docker 正在运行的标志。单击它可以进入管理界面。首次运行时需要做一些设置，具体内容可以参考官方文档。

在 Windows 上运行 Docker，由于操作系统异构的原因，首先需要启用 Hyper-V 虚拟机，然后将 Docker 安装到这个虚拟机中。这就是在 Windows 下安装运行 Docker 时，无论当前是否有容器在运行，系统资源也会被静态分配和切割的原因。但是大概从 2020 年 3 月起，Docker 开始支持运行基于 WSL 2 的桌面版。基于 WSL 2 的桌面版 Docker，Docker 后台服务启动更快，资源也仅在需要时才进行分配，因此在资源调度上更加灵活和高效。

2.1.3　虚拟机方案

也有可能你的机器既不支持安装 WSL，也不支持安装 Docker。这种情况下，你可以通过安装 VirtualBox 等虚拟机来运行 Linux。这方面的技术在此不再赘述。

2.1.4　小结

我们介绍了三种在 Windows 上构建 Linux 开发环境的方案。只要有可能，你首先应该安装的是 WSL。WSL 可以运行在几乎所有的 Windows 10 以上的发行版上，包括 Win10 Home。

如果你的机器不支持安装 WSL，也可以考虑安装 Docker。即使你的机器支持 WSL，出于练习 CI/CD 的考虑，也可以安装 Docker，以便体验容器化构建和部署。当然，这需要你的机器有更强劲的 CPU 和内存。

对于较早的机型，在无法升级到较新版本的 Windows 时，可以考虑使用虚拟机，比如免费版的 VirtualBox。

2.2　集成开发环境

作为一种脚本语言，Python 可以无须编译即可运行，因此，几乎所有的文本编辑器都可以作为 Python 开发工具。然而，要进行真正严肃的开发，要在开发进度和开发质量之间取得最佳平衡，就需要一个更专业的工具。

集成开发环境（Integrated Development Environment，IDE）是一种提高开发效率的工具，它可以让开发者在编写代码时得到各种代码提示，更早发现语法错误，还可以直接在编辑器中进行调试。

PyCharm 和 VS Code 是进行 Python 应用程序开发的两个首选工具。对于从事数据分析和人工智能领域的开发者，还可以考虑 Jupyter Lab（升级版的 Jupyter Notebook）和 Anaconda 的 Spyder。

2.2.1 使用哪一个 IDE：VS Code 或 PyCharm

PyCharm 是用于开发 Python 的经典 IDE，Visual Studio Code（通常被称为 VS Code）则是近几年流行的后起之秀。VS Code 完全免费，PyCharm 则提供了社区版和专业版两个版本，专业版本功能更强大，但需要付费。表 2-1 简要说明了两个 IDE 的主要差异。

表 2-1　VS Code 和 PyCharm 的主要差异

特性	PyCharm	VS Code	说明
远程开发	专业版支持	支持	专业版的 PyCharm 中，文件在本地编辑，调试前将文件同步到远程机器上进行调试；VS Code 通过文件共享协议，直接在远程机器上编辑和调试
三路归并	支持	支持	VS Code 从 2022 年 7 月起提供了三路归并编辑器。三路归并编辑是在代码发生冲突时解决冲突的一种便捷方式
数据视图	支持	不支持	PyCharm 中可以在图形化界面中查看数据库和来自 DataFrame 的数据；VS Code 需要插件支持，但功能较弱。一般可以通过第三方数据库工具进行数据查看和管理
启动速度	慢	很快	VS Code 启动速度十分优秀，这也使得它除了用作开发外，还可以用作文档撰写、日记等需要快速打开的场合
多语言	Python	多语言	VS Code 支持很多种语言的开发，因此特别适合专业开发者使用

还有一些小的差异，比如 VS Code 的很多功能是通过插件实现的，每个插件都有自己的日志输出窗口。当使用 VS Code 时，如果某个功能不能用，有可能是由插件引起的。这个错误可能只会静悄悄地在插件的日志窗口中输出，而不是输出在用户熟悉的那些界面中。这可能会让初学者感到困惑。而在 PyCharm 中，这些窗口、提示界面的安排似乎更符合我们的直觉。

总之，PyCharm 是一个开箱即用的 IDE，而 VS Code 安装之后，在正式开发之前，还得安装一系列插件，这可能要花一定的时间去比较、配置和学习。如果你打算长期从事开发工作，那么在 VS Code 上投入一些时间是值得的。VS Code 是一个免费产品，它的许可证允许你使用 VS Code 来进行任何商业开发。因此，无论你是个人开发者，还是受雇于某个组织，你都可以使用它。

由于我们更倾向于使用 VS Code，也由于 PyCharm 简单易上手，基本上无须教学，所以这里就略过对 PyCharm 的介绍，重点讲述如何配置 VS Code 开发环境。

2.2.2 VS Code 及扩展

VS Code 是一个支持多语言编辑开发的平台，它本身只提供了文本编辑器、代码管理（Git）、扩展管理等基础功能。具体到某个语言的开发，则是通过加载该语言的扩展来完成的。因此，安装 VS Code 之后，还需要配置一系列的扩展。

安装好 VS Code 之后，在侧边栏上就会出现如图 2-10 所示的工具栏。

图 2-10　Vs Code 工具栏

被圆形圈住的图标对应着扩展管理。上部的搜索框可以用来搜索某个扩展，找到对应的扩展后单击，就可以在右边的窗口中看到该扩展的详细信息，如图 2-11 所示。

图 2-11　安装 Python 扩展

在这个详细信息页，提供了安装按钮。

VS Code 扩展管理除了搜索之外，还提供了过滤、排序等功能，读者可以自行探索。如果读者要在多个开发环境下使用 VS Code，可能希望这些扩展在不同的环境下都能使用，针对这个需求，VS Code 还提供了扩展同步机制。在图 2-11 中，在扩展详情页的 "Uninstall" 按钮右侧，有一个同步图标，单击该图标后，VS Code 会自动将该扩展同步到其他环境。

下面将讨论一些最常用、最重要的 VS Code 扩展。在使用这些扩展武装 VS Code 之后，你的开发效率将大大提高。

1．Python 扩展

要在 VS Code 中开发 Python 应用程序，就需要安装 Python 扩展。该扩展如图 2-11 所示。

Python 扩展由微软开发，目前有超过 1 亿次的下载量。它提供了 IntelliSense、代码语法检查、调试、导航、格式化、重构和单元测试功能。此外，它还提供了 Jupyter Notebook 集成环境。

随 Python 扩展一起安装的，还有 Pylance、Python Test Explorer for Visual Studio Code、Jupyter 等扩展。

Pylance 是微软基于自身收购的 Pyright 静态检查工具开发的具有 IntelliSense 功能的 Language Server。它提供语法高亮、代码自动完成、语法检查、参数建议等功能。

尽管 Pylance 提供了这些功能，但在使用中，我们常常把 Pylance 看成一个 Language Server，上述功能中的语法检查、代码提示和自动完成等功能，还是应该通过更专业的专门扩展（或者第三方服务）来完成。在这里，Pylance 可以作为这些功能的一个扩展平台。

Test Explorer 的主要作用是发现和搜集项目中定义的单元测试用例，构建 TestSuite，提供测试执行入口，并在测试完成之后，报告测试执行情况。

Jupyter 是一个允许用户在 VS Code 中阅读、开发 Notebook 的扩展。与单独安装的 Jupyter Notebook 相比，它能提供更强大的代码提示、变量查看和数据查看功能。此外，调试 Notebook 一直是个比较麻烦的事。但在 VS Code 中，用户可以像调试 Python 代码一样，逐行运行和调试 Notebook。

在 Python 扩展安装完成之后，就可以进行 Python 开发了。在开发之前，需要为工程选择 Python 解释器。可以从命令面板中输入 Python: Select Interpreter 来完成，也可以单击状态栏中的选择图标，如图 2-12 所示。

图 2-12　选择 Python 解释器

2. Remote-SSH

这是一个非常有用的扩展（图 2-13），是微软官方开发的扩展之一。它可以让用户在 VS Code 中直接打开远程机上的文件夹，编辑并调试运行。如果你使用过 PyCharm 等 IDE，就会知道，尽管这些 IDE 也支持远程开发，但它们是在本地创建文件，调试运行前先要上传以同步到远程机器上。频繁同步不仅降低了效率，而且常常出现未能同步导致行为与预期不一致、浪费时间查找问题的情况。这也是 VS Code 优于 PyCharm 的一个重要特性。

图 2-13　Remote-SSH 扩展

安装好这个扩展之后，在侧边栏会出现一个远程连接图标。同时，如果当前已经连接到远程机器，则在状态栏最左侧还会显示该连接的概要信息。

接下来需要安装版本管理类的扩展。

VS Code 虽然提供了 Git 的集成，但是许多功能并未通过 GUI 提供，我们还必须熟记 Git 命令。此外，还有一些功能是 Git 也没有的，比如以下功能：

1）图形化界面。

2）代码提交时，遵照指定的格式规范，以图形化的方式编辑提交信息（Commit Message）。

3）.gitignore 文件的管理。

4）Local History 的管理。

为实现上述功能，需要继续安装扩展，首先是 GitLens。

3. GitLens

GitLens（如图 2-14 所示）的功能十分强大，是团队开发中常用的一个扩展。它的功能包括：

1）在文件修改历史中快速导航。

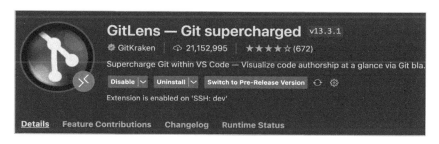

图 2-14　GitLens 扩展

2）在代码行中提示 blame 信息，如图 2-15 所示。

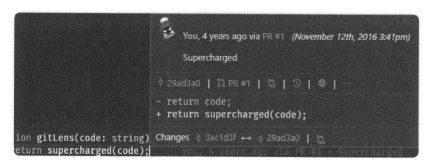

图 2-15　GitLens blame

3）gutter change，如图 2-16 所示。

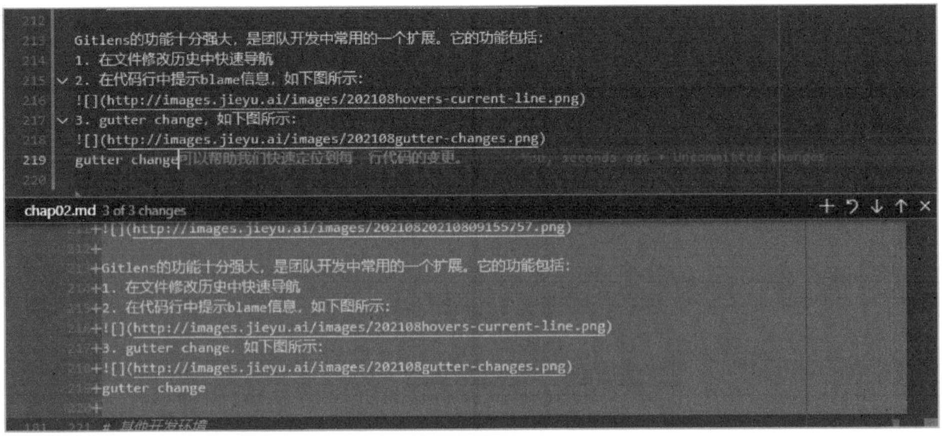

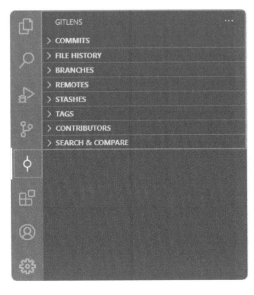

图 2-16　gutter change

gutter change 是指在上图中，在行号的右侧，通过一个线条来指示当前区域存在变更，当单击这个线条时，会弹出一个窗口，显示当前区域的变更历史，并且允许回滚变更或者提交变更。这个功能实际上是 Git 的 interactive staging 功能，只不过在命令行下使用这个功能时，它的易用性不太好。

如果在编辑文件之前没有做好规划，引入了本应该属于多个提交的修改，gutter change 是最好的补救方案。它允许逐块提交修改，而不是按文件提交修改。因此，可以将一个文件里的不同块分几次进行提交。

GitLens 在侧边栏提供了丰富的工具条，如图 2-17 所示。

图 2-17　GitLens 侧边栏工具条

通过这些工具条，用户不再需要记忆太多的 Git 命令，并且这些命令的结果也以可视化的方式展示，这也会比控制台界面效率高不少。在这些工具栏里提供了提交视图、仓库视图、分支视图、文件历史视图、标签视图等功能。

简单来说，GitLens 将几乎所有的 Git 功能进行了图形化展示和重构，提供了一个丰富的操作界面，让用户可以更加方便地操作 Git 和理解代码变更。

4．编辑提交信息的扩展

常用 PyCharm 的程序员不会不记得它的 git commit 对话框。遗憾的是，到目前为止，VS Code 及其扩展都没能补充这一短板。不过，仍然有一些小众但好用的扩展，不仅可以帮助我们实现图形化界面下的 commit 消息编辑，还能帮助我们规范化地管理提交信息。

这里推荐一个名为 git-commit-plugin 的扩展（如图 2-18 所示）。

图 2-18　git-commit-plugin 扩展

这个扩展会将提交信息进行分类，并且给每个类别加上 emoji 图标（如图 2-19 所示），以便用户更快捷地识别类别。

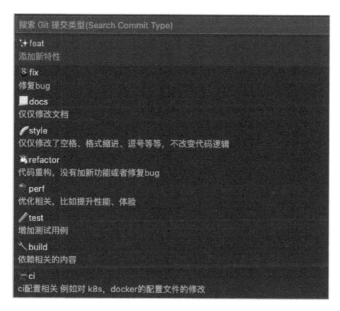

图 2-19　git-commit-plugin 分类

给代码正确地分类是非常重要的一个任务。如果在每一次代码提交时都进行了正确的分类，那么在发行新的版本时，就可以根据这些历史提交信息，自动生成 release notes。这样生成的 release notes 也许还需要稍微进行一些修改，但绝对可以避免遗漏重要的修改。

很显然，不是所有的提交信息都应该出现在 release notes 中，特别是像代码风格、文档修订、增加测试用例，以及构建相关的提交，往往都不是最终用户关心的，因此在 release notes 中不应该放入这些内容。如果我们对每一次提交都进行了正确的分类，那么，自动生成 release notes 的工具就可以按照指定的类别，只提取有效的信息到 release notes 中。

后文还会提及自动化生成 release notes 的工具。通过工具来保证提交信息格式的规范性，而 release notes 也是通过工具来提取和分析这些信息的，整个软件开发流程就会像流水线一样精确工作。

这正是本书的主旨所在：软件开发流程不应该是一些抽象的理念，而应该是通过一系列工具得以强制执行的软件生产流水线。一旦流水线被调校好，生产出来的产品就能通过 6-sigma[①] 的品质认证。

5. gitigore 扩展

代码仓库只应该保留有用的文件。然而在开发过程中，工作区有时候不可避免地会产生一些临时文件、垃圾文件和不适合通过代码仓库保管的文件，比如调试时产生的日志、编译后产生的二进制文件等。这些临时文件如果反复被上传，就会极大地浪费仓库的存储空间，降低性能。为了避免这些文件被提交到代码仓库，可以在代码仓库中创建一个.gitignore 文件，它包含了这些文件的相对路径或者匹配模式字符串。如此一来，Git 在提交代码时，就会自动过滤掉这些文件。

.gitignore 文件的格式非常简单，每一行都是一个文件的相对路径。因此我们完全可以手动编辑这个文件。但是，gitignore 扩展能提供更多的功能：

1）根据模板生成.gitignore 文件。毕竟，一个.gitignore 文件可能有几十行之多，其中有大量在不同项目之间通用的部分，这些没有必要记忆。

2）方便从工作区中选择文件并自动加入到.gitignore 文件中。这样相对于手动编辑.gitignore 文件，可以避免出现路径错误，也更加快捷。

6. 本地文件历史

尽管 Git 提供了文件版本历史的管理，但对未提交的修改，Git 是无法追踪的。然而，在代码提交之前，也可能要对同一个文件进行多次修改，并在某个时候，希望能查看和参考这些变动情况。这就需要有一个本地文件历史管理系统。

PyCharm 提供了一个非常好用的本地文件历史的功能。在 VS Code 中，必须通过扩展来

---

① 6-sigma：在统计学中，6-sigma 意味着置信度是 99.999 66%，在质量检验场景下，表明产品达到了很高的质量标准。从 20 世纪 70 年代开始，摩托罗拉发现了提高质量与降低生产成本之间的正相关关系，于是发展出一整套改善工业流程、消除残疵的方法。1986 年，摩托罗拉正式将其命名为 6-sigma。它强调持续改进，稳定和预测性地提高流程结果；生产和商业流程可以通过测量、分析、提高和控制进行改善等。随着摩托罗拉影响力的衰落，6-sigma 的影响力也日渐式微，但它的核心观点和方法，比如持续改进等，仍然得到广泛认同和传播。

实现这一功能。

读者可以安装 Local History 扩展（如图 2-20 所示）。

图 2-20　Local History 扩展

需要注意的是，这个扩展会在工作区生成一个名为.history 的文件夹，以存放本地历史文件。这个文件夹必须被加入到.gitignore 文件中，否则，你很可能会把这个文件夹提交到代码仓库中。这可是一大堆垃圾文件！

图 2-21 展示了 Local History 扩展对代码变动的跟踪情况。

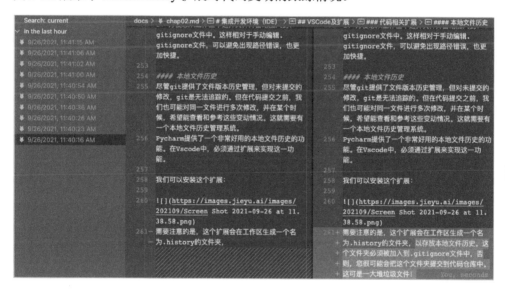

图 2-21　跟踪代码变动

7．代码辅助与自动完成

代码辅助与自动完成是使用 IDE 而不是文本编辑器来编写代码最重要的原因。根据 Kite 公司的统计，使用 Kite 来进行辅助编程，可以省去最多 47% 的代码输入，从而使得代码编写更加轻松和更为快速。

当然，你可能并不同意输入速度会左右编程效率这一观点，毕竟，在编程中，我们大量的时间都是在思考算法和功能如何实现、回忆某个库函数应该如何调用，以及我们自己定义的变量、常量名等。令人吃惊的是，随着人工智能能力的增强，现在这类工作的很大部分都可以由代码辅助与自动完成工具来完成了。

提示：

公司曾经有一位女程序员。她妆容精致，长长的指甲上镌刻着一些美丽的图案，流光溢彩，敲起键盘来，指甲上的图案就像蝴蝶一样翩翩起舞。我知道指甲刮蹭键盘帽的声音多让人难受，因此自己总是保持剪指甲的习惯，以保证输入时不受干扰，但接触一段时间后，我发现她的工作效率一点也不低——尽管输入速度可能还是会受一些影响。

尽管 Kite 公司的数据表明 Kite 帮码农省去了 47%的输入，但从上面的例子可以看出，由此带来的效率的提升可能并没有想象的那么大。后面还会有机会回顾 Kite 这家公司的故事：如果努力的方向错了，那么再勤奋也无济于事。

就像可以把自动驾驶按自动化程度定义为 5 个级别一样，代码辅助也可以分为好多个级别。

最低级的级别，可能是普通文本编辑器所做到的那样，在单词级别上进行提示。只要输入过一个单词或者一个句子，那么下次输入这个单词或者句子的前面部分时，IDE 就会自动提示这个单词或者句子。但这种提示远远不够精确，很多时候，它不能提供我们真正想要的输入。

对于程序开发来说，由于有语法规则，因此这种提示可以做得更精确一些。比如，定义了一个类，那么下次输入一个类（或者类的一个实例变量）的名称或者一个提示符（可能是"."或者"->"，取决于程序设计语言），IDE 就可以提示类的所有方法或者属性供选取。此外，如果导入了某个命名空间，IDE 也可以基于同样的逻辑来提示空间中的所有变量、函数、类等。这些都是严格依赖于语法的，所以，对于静态语言，IDE 的代码提示可以做得很棒。对于 Python 这样的动态语言，在没有使用类型标注时，要准确提示成员变量还是有一定困难的。

现在，有了人工智能的加持，代码辅助已进化到了令人惊叹的程度。实际上，本书就是在 GitHub Copilot[①]的帮助下完成的。下面看一个例子（图 2-22）。

图 2-22　Copilot 自动提示

Copilot 根据前面的输入，自动生成了一个语法通顺的句子（这个句子在图 2-22 中显示为灰色），并且与上下文相当协调。这里我并不想使用它提示的用词（主要是担心读者并不愿意看一本机器写的书），但是，必须承认，除非是写诗，我们不必像古人一样，吟安一个字，拈断数根须，文章并不是每一句都需要精雕细琢，有时候完全可以使用 Copilot 提示的字句来进行过渡。更多的时候，在写文章时，Copilot 可以起到开拓思路的作用，这无疑是大有裨益的。

① GitHub Copilot: https://www.copilot.ai/。

上面只是人工智能在普通文本辅助写作方面的例子。当我们把领域限制在编程领域时，其结果就更加令人叹服。很多时候，只要你写下一行注释，Copilot 就会能帮你完成代码，实现这行注释的功能。特别是当我们要实现的功能已经在某个库函数中实现了，或者存在某个著名的算法时，你就会发现这个功能非常好用。

关于 VS Code 的扩展还很多。比如，我们的工程中可能使用了 JSON、YMAL 等文件，或者使用了 Markdown、rst 来编写文档，在编辑这些文件时，还有一些很好的工具来进行辅助和功能增强。比如 Markdown 对表格的支持比较差，手动编辑 Markdown 表格是比较烦琐的事，我们可以使用一些扩展，通过它们将文档内的 CSV 块内容转换成 Markdown 表格。

除了扩展外，VS Code 还有其他一些定制项，比如主题。如果你长期对着电脑工作，推荐你安装一些夜间模式的主题。这些主题当中，Dracula PyCharm Theme 是比较有意思的一个主题。这个主题的名字来源于德古拉伯爵。德古拉伯爵是爱尔兰作家布莱姆·斯托克同名小说中的人物——一个嗜血、专挑年轻美女下手的吸血鬼。这部小说后来被多次改编成电影。考虑到吸血鬼只在夜间出来活动，一款暗夜模式的主题使用这个名字倒也恰如其分。

限于篇幅，我们不可能一一介绍这些扩展。除了那些下载量极大的流行扩展，本章也介绍了一些比较小众的扩展。这些小众扩展在未来可能会消失（比如 VS Code 直接实现了其功能），或者被取代。重要的是，它们实现的功能极大地提高了生产效率，这些方法和功能是我们应该熟知的。

2.3　其他开发环境

2.3.1　Jupyter Notebook

PyCharm 和 VS Code 都是大型开发工具，适合用于开发大型复杂应用程序。但在 Python 领域中，有一类问题更适合探索式编程，比如数据分析任务。我们拿到一些数据，通过统计方法查看它们的特性，进行一些可视化的分析，然后对数据进行预处理，进而编写一些机器学习算法，如果结果不理想，则推倒重来，探索新的算法。

这种方法被称为探索式编程：探索式的工作重于遵循设计模式，代码中夹杂着大量的解释性文档和输出结果（包含图表和图像），它们都作为最终结果的一部分，而不是像传统的编程一样，代码、文档和输出结果是分离的。

Jupyter Notebook 是探索式编程的利器。它提供了一个基于网页的编辑器和运行环境，用户输入被组织成一个个单元格，每个单元格可以是代码单元，也可以是文本单元；代码单元还允许有输出结果，输出结果可以是文本，也可以是图表或图像，如图 2-23 所示。

一个正在运行的 Notebook 可以被看成一个进程，在此 Notebook 中的代码单元格里定义的变量和函数都具有全局作用域，每个代码单元格都可以单独执行。这种模式有其极其方便的一面：你可以随时随地在 Notebook 中运行代码，并且可以在不同的代码单元格中进行切换——无论是探索数据的特性，还是探索一个新的程序库的功能，都变得非常容易。

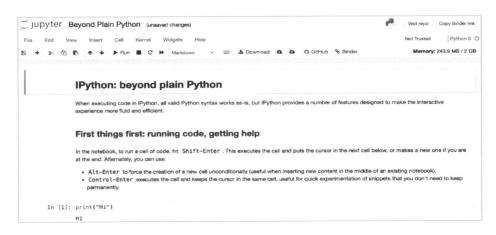

图 2-23 Jupyter Notebook

当前，Jupyter Notebook 的开发者在力推 Jupyter Lab，以替代 Jupyter Notebook。不过，由于 VS Code 和 PyCharm 对 Jupyter Notebook 的集成，因此 Notebook 还将存在相当长的时间。

2.3.2　Spyder

Spyder 是专门为科学家、数据分析师、工程师打造的一款开源的编程环境。它具有集成开发环境的高级编辑、分析、调试和 profiling 功能与科学库的数据探索、交互式执行、深度检查和精美可视化功能的独特组合。从 Spyder 界面（如图 2-24 所示）上可以很容易看出这一点。

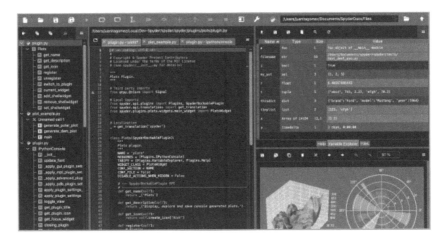

图 2-24　Spyder 界面

Spyder 包含在 Anaconda 发行版之内，所以一旦安装了 Anaconda，就可以直接使用 Spyder 来编写 Python 代码。在它的官网上也提供了单独的安装包供下载。

本书主要介绍三种类型的 Python 开发环境：适用于大型工程化开发的 Pycharm 和 VS Code，适用于探索式编程的 Jupyter Notebook，还有融合了两者特点的 Spyder。当然，在 Pycharm 和 VS Code 中，也可以打开和运行 Jupyter Notebook，将这项功能集成到这两种 IDE 中已经有一段时间了。

如果我们经常性的开发工作是构建高复用的组件库或者复杂的应用程序，Pycharm 和 VS Code 是绝对的不二之选。这两种工具都近乎完美地与负责测试、持续集成以及代码管理、文档构建的工具集成在一起。反之，如果你的工作更多的是探索性的，那么只使用 Jupyter Notebook 就够了。而 Spyder 则为两方面需求都要兼顾的用户提供了一种选择。

第3章
构建 Python 虚拟环境

在第 2 章讨论了构建开发环境的基本步骤，如选择操作系统、选择集成开发环境等。现在可以着手编写代码了。但要能运行和调试程序，还需要指定 Python 运行时（或者称之为解释器）。特别地，如果使用的开发工具是 VS Code，那么这一步是必需的：因为 VS Code 并不是只为开发 Python 应用程序而设计的，它支持好多种开发语言。因此，要使 VS Code 知道工程项目是基于 Python 的，就必须为它指定 Python 运行时。

Python 有两个主要的运行时版本，Python 2.×和 Python 3.×。Python 3.×是对 Python 2.× 版本的破坏性升级。当前，需要在 Python 3.×版本下运行的应用程序和组件越来越多了，然而，像 macOS 或者 Ubuntu 这样的操作系统，它的一些老旧版本仍然依赖 Python 2.×来运行一些核心功能，比如包管理。因此，在这些系统上，Python 2.×仍然是默认安装的 Python 运行时版本。

提示：

Python 2.7 是 Python 2.×系列的最后一个版本，已于 2020 年 1 月 1 日终止维护；Python 3.7 则于 2023 年 6 月 27 日终止维护。因此，当开始一个新的项目时，应该尽可能避开这些老旧的 Python 版本。

这会是在开发 Python 应用时遇到的第一个问题：你想要开发一个 Python 应用程序，使用了最新的 Python 版本，有着大量酷炫的新特征和新功能，但当部署应用程序时，可能要部署到各种各样的机器上，这些机器上默认安装的 Python 版本并不是开发时指定的版本。如果强行升级系统默认安装的 Python 版本，则可能会破坏其他应用程序；而如果不进行升级，则又没办法运行你的应用程序。

即使目标机器和你的应用程序使用了同样的 Python 版本，类似的冲突还可能发生在其他组件上。比如 Django 是 Python 社区中最负盛名的 Web 开发框架。它依赖于 SQLAlchemy——Python 社区中另一个同样颇负盛名的开源框架 orm。如果你的程序也依赖于 SQLAlchemy，并且你使用了 SQLAlchemy 1.4 以上的版本，而 Django 使用了它的早期版本，那么很不幸，这两个应用程序将无法共用同一个 Python 环境：SQLAlchemy 1.4 相对于之前的版本是完全不兼容的破坏性更新。

这类问题被称之为依赖地狱。依赖地狱并不是 Python 独有的问题，它是所有的软件系统都会面临的问题。

3.1 依赖地狱

在构建软件系统时，通常都会涉及功能复用的问题。毕竟，"重新发明轮子"是一种不必要的浪费。功能复用可能发生在源代码级别、二进制级别或者服务级别。源代码级别就是在工程中直接使用他人的代码源码；二进制级别是指在应用中使用第三方库；服务级别的复用则是程序功能以服务的方式独立运行，其他应用通过网络请求来使用这种功能。

当使用二进制级别的复用时，常常会遇到依赖地狱问题。比如在上面 Django 的例子中，如果没有一种方法可以向 Django 和你的应用分别提供不同版本的 SQLAlchemy，则这两个应用将无法同时运行在同一台机器上。

解决依赖地狱问题的方法之一，就是将程序的运行环境彼此隔离起来。比如，应用程序所依赖的第三方库，不是安装到系统目录中，而是安装到单独的目录中，如随着该应用程序一起安装到该应用程序所占的目录中，并且只从这个目录中加载依赖的第三方库。

Python 解释器本身也可以看成一个普通的应用程序。因此，当安装一个 Python 应用程序时，可以将该程序依赖的 Python 运行时及相关的第三方库都安装到一个单独的目录中。这样，当运行该应用程序时，就从该目录中启动 Python，如果 Python 只（或者优先）从该目录加载第三方库的话，就实现了某种程度的隔离。这种思想就是虚拟运行环境的思想，它是解决 Python 依赖地狱问题的一个主要方法。

既然提到了"隔离"一词，我们不妨再稍稍引申一下。在第 2 章中提到了虚拟机和 Docker 容器，这些都是解决资源冲突和对资源进行隔离的方法。现在，通过容器以（微）服务的方式来部署 Python 应用程序也越来越常见，其中也有简化安装环境、避免依赖地狱等方面的考虑。

本章主要讲如何构建虚拟运行环境，这样可以完全解决运行时与其他应用程序之间可能发生的依赖地狱问题。然而，依赖地狱还有其他多种表现形式，第 5 章还会探讨这个问题。

3.2 使用虚拟环境逃出依赖地狱

Python 的虚拟环境方案可谓源远流长，种类繁多。如果你接触 Python 已经有一段时间了，那么你很可能听说过 Anaconda、virutalenv、venv、pip、pipenv、poetry、pyenv、pyvenv、pyenv-virtualenv、virtualenvwrapper、pyenv-virtualenvwrapper 等类似概念。

提示：

在 "Python 之禅" 中提到的一个重要原则就是：

There should be one—and preferably only one—obvious way to do it.

永远都应该只有一种显而易见的解决之道。

从 Python 的虚拟环境解决方案之多来看，要达到这样的境界似乎是困难的。不过，类似的困境并非 Python 独有。比如，JavaScript 在其高歌猛进、攻城掠寨式的行进中，自身的语法也在发生剧烈的改变，以至于有人不得不开发一个模块来翻译不同版本的 JavaScript 语法，这个模块就叫 Babel。

在上面这些令人眼花缭乱的词语中，Anaconda（以下简称 conda）和 virtualenv 是一对对手，pipenv 则和 poetry 相互竞争。而 venv 则是其中血统最为纯正的一个，得到了 Python 官方的祝福。

pipenv 和 poetry 尽管常常被人在讨论虚拟环境的场合下提起，也确实与虚拟环境相关，但它们所做的工作都远远超过了虚拟环境本身——它们的主要功能是提供依赖管理，poetry 还提供了构建和打包功能（我们将在第 5 章中详细介绍）。

venv 不是一个独立的工具，它只是一个模块。venv 是从 Python 3.8 起的标准库里的一个模块，可以使用 python -m venv 来运行。它的目标与 virtualenv 比较接近，但只提供了 virtualenv 的一个命令子集。由于它是标准库提供的，因此许多工具，比如 poetry、pyenv，都是基于它来构建的。因此，如果你是某个工具的开发者，我想你需要掌握 venv；否则，你将在使用 poetry 等工具时用到它，但可能并不知道幕后英雄其实是 venv。

conda 和 virtualenv 都是用来创建和管理 Python 虚拟环境的工具，有着相似的命令行接口，不同之处在于：

1）conda 是一个多语言、跨平台的虚拟环境管理器，而 virtualenv 则只用于 Python。

2）通过 conda 可以管理（安装、升级）Python 版本，而 virtualenv 则没有这个能力。

3）默认安装下，conda 会占用大约 100MB 的磁盘空间，而 virtualenv 占用的空间更少（约 10MB）。这可能既是优势，也是缺点。virtualenv 通过使用对原生库的符号链接来减少对硬盘空间的使用，这使得对原生库的隔离并未真正实现——如果你的应用程序不仅仅依赖 Python 库，还依赖原生库，则仍然可能产生依赖冲突，导致程序出现一些很难查找原因的错误。而在 conda 虚拟环境中，所有的依赖都是完全隔离的。

4）默认情况下，conda 对虚拟环境进行集中式管理，所有的虚拟环境都在一个目录下，而 virtualenv 则倾向于将虚拟环境放在当前目录下。长期来看，非集中式管理可能导致这些虚拟环境呈碎片化而难以被追踪。

上述第 3）点可能是最重要的差异。我们很难保证 Python 应用程序永远只依赖于纯的 Python 库。事实上，一些性能相关的模块往往是用 C++ 或者其他语言开发的。lapack（一个常用的线性代数库，Python 中最著名的科学计算库 Numpy 和 SciPy 都依赖于此）和 OpenSSL 都是常见的例子。

本书只推荐使用 Anaconda。但对于 virtualenv 和 venv，读者需要知道的是，如果正在开发一个生成和构建虚拟环境的工具（或者模块）——比如，为一个容器构建一个虚拟环境，或者为分布式程序动态构建一个远程的虚拟环境——那么 venv 或者 virtualenv 将是不二之选，因为 conda 并不是一个轻量级的工具。

对上面没有提到的那些技术，我们将不会在本书中详细介绍它，这里仅对它们做一个概括性的描述。

1）pyenv 是一个脚本，不能在 Windows 环境下使用。它的作用是拦截对 Python 工具链的调用，选择正确的 Python 版本。此外，也可以用它来安装多个版本的 Python。在功能上，pyenv 完全可以用诸如 Anaconda 之类的工具替代，但如果使用的是 virtualenv，那么很有可能仍然需要使用 pyenv 来安装和选择 Python 版本。它目前在 GitHub 上有超过 28 万的星数。

2）pyenv-virtualenv 则是 pyenv 的一个插件，它将 pyenv 和 virtualenv 结合在一起，从而可以同时方便地使用两者的命令。如果不在乎这种便利性，也可以分别使用 pyenv 和 virtualenv。

3）virtualenv wrapper 是 virtualenv 的一个扩展集，提供了诸如 mkvirtualenv、lssitepackages、workon 等命令。workon 是用来在不同的 virtualenv 目录间进行切换的命令。

4）pyenv-virutalenvwrapper 是 pyenv 的另一个插件，由 pyenv 的作者开发，它将 pyenv 和 virtualenvwrapper 的功能集成在一起。基于这些扩展，virtualenv 就拥有了类似 conda 的全部功能。

5）pyvenv（请不要与 pyenv 相混淆）是仅在从 Python 3.3 到 Python 3.7 的版本才有的一个官方脚本，但从 Python 3.8 开始，它已经被标准库 venv 代替了。

Anaconda 包揽了从安装 Python 版本、创建虚拟环境和切换虚拟环境的所有功能。它的官方网站是 Anaconda.org[1]。它是几乎所有从事数据科学或者深度学习的人的选择。它自带的包管理系统提供了许多流行的机器学习库预编译版本，因此用户不用自己去熟悉 GCC 和 C/C++代码的编译过程。

1. 安装 Anaconda

安装 Anaconda 前先下载安装包[2]。除了使用 Anaconda 进行科学计算外，建议下载最新的 Miniconda 安装包[3]。

以 Ubuntu 为例，无论是 Anaconda 还是 Miniconda，其安装文件都是一个包含了安装数据文件的 shell 脚本，可以通过 wget 或者 curl 将其下载，然后执行这个脚本进行安装。

安装过程中，首先要求用户阅读并接受 Anaconda 的服务条款，然后选择将要安装的目录。在完成文件复制之后，会询问是否要运行 conda init 以初始化 conda 环境，推荐选择 yes，这样 conda 会修改 shell 初始化脚本。要使用 conda，这一步是必需的。

---

① https://www.anaconda.org。

② https://www.anaconda.com/products/distribution。

③ https://docs.conda.io/en/latest/miniconda.html。

conda 安装完成后，就会在系统中生成第一个虚拟环境，称为"base"。现在可以列一下刚刚安装了 conda 的目录，这里面最重要的目录是 envs，以后创建的新的 Python 虚拟环境都会在这里。但现在它是空的，尽管已经有了一个名为 base 的虚拟环境，但这个虚拟环境指向的是安装目录下的/bin 目录下的 python。

2. 配置 conda 环境

conda 安装后，一般情况下无须配置即可使用。但是，如果需要使用代理服务器或者变更 conda 源以加快下载速度，则需要配置 conda。

conda 的配置文件是用户目录下的.condarc 文件，它是一个 YAML 格式的文件。这个文件直到第一次调用 conda config 时才会产生，比如，在增加一个 conda 源时：

```
conda config --add channels conda-forge
```

也可以直接编辑.condarc 文件：

```
channels:
 -https://mirrors.aliyun.com/anaconda/pkgs/free/
 -https://mirrors.aliyun.com/anaconda/pkgs/main/
 -file:///some/local/directory
 -defaults
proxy_servers:
    http: http://user:pass@corp.com:8080
    https: https://user:pass@corp.com:8080
    ssl_verify: False
```

上述示例中，首先配置了 conda 源，添加了国内常用的阿里镜像和一个本地目录。如果有一些内部安装包，可以放在这个目录下。当 conda 无法从阿里镜像服务器上找到这些包时（显然会找不到），就会搜索这个目录。上面所有的路径都失效时，conda 最后会使用系统默认的源来搜索。这种情况多见于某个包有了最新的版本但镜像服务器还没有同步的情形。

有时访问 conda 的官方源时需要使用代理服务器来进行加速。上面的示例显示了如何进行配置。有一些代理服务器不支持 SSL 验证，这时需要设置 ssl_verify 为 False，正如以上示例所示。

conda 还允许进行其他一些配置，有需要的读者可以进一步参阅《使用 condarc 配置文件》[①]。

3. 创建和管理虚拟环境

现在来创建一个虚拟环境，并且通过 conda 命令管理虚拟环境。

```
$ conda create -n test python=3.8
```

上述命令创建了一个名为 test 的虚拟环境，并且安装 Python 3.8。现在查看一下当前系统中都存在哪些虚拟环境：

---

① https://docs.conda.io/projects/conda/en/latest/user-guide/configuration/use-condarc.html。

```
$ conda env list
# 输出应该类似于:
# conda environments:
#
base            /root/miniconda3
test            /root/miniconda3/envs/test
```

上面的输出表明，在/root 下安装了一个 miniconda，并且创建了一个名为 test 的虚拟环境。这个虚拟环境的文件夹是/root/miniconda3/envs/test。

现在切换到新创建的虚拟环境中:

```
$ conda activate test
```

现在，shell 提示符应该修改如下:

```
(test) root@ubuntu:~#
```

上述测试是在一个 Ubuntu 虚拟机上直接使用 root 账户来进行的。所以，上面的提示符中的 root 是当前用户名。当前用户名之前的"(test)"表明当前处在 test 虚拟环境中。

要往该虚拟环境中安装一个包，可以使用 conda install 命令:

```
$ conda install PACKAGENAME
```

现在，假设要删除这个虚拟环境:

```
# 退出当前的虚拟环境 test，以便可以删除它
$ conda deactivate
$ conda env remove --name test
```

上述删除命令不提供确认的机会，所以在使用这个命令之前必须小心。当然，conda 这样设计并没有任何问题，虚拟环境本身就应该是可以随时创建和随时销毁的。如果不小心删除，只须重建一个。

在结束这一节内容之前，再介绍一些高级使用方法，这些方法有助于解决一些疑难问题。

首先，可以通过 conda info 命令检查 conda 安装的一些关键信息:

```
$ conda info:
        active environment : base
        active env location : /root/miniconda3
          user config file : /root/.condarc
            conda version : 4.13.0
           python version : 3.8.12.final.0
          base environment : /root/miniconda3  (writable)
          conda av data dir : /root/miniconda3/etc/conda
              channel URLs : https://mirrors.aliyun.com/anaconda/pkgs/main/linux-64
                      https://mirrors.aliyun.com/anaconda/pkgs/main/noarch
                      https://repo.anaconda.com/pkgs/main/linux-64
```

```
                https://repo.anaconda.com/pkgs/main/noarch
                https://repo.anaconda.com/pkgs/r/linux-64
                https://repo.anaconda.com/pkgs/r/noarch
    package cache :/root/miniconda3/pkgs
                  /root/.conda/pkgs
 envs directories :/root/miniconda3/envs
                  /root/.conda/envs
```

上面的内容是 conda info 命令的输出（为了简洁起见，删掉了一些不重要的内容），它揭示了一些关键信息：

1）当前处于 base 虚拟环境下。这是安装了 conda 之后就默认存在的一个虚拟环境。它的文件目录是/root/miniconda3。如果是在 test 虚拟环境下，则 active env location 应该指向/root/miniconda3/envs/test。

2）配置文件在/root/.condarc 下。前面介绍配置 conda 时已经用过这个文件了，但是并没有介绍这个文件的位置。现在你就知道，如果不清楚 conda 配置文件的位置，可以使用 conda info 命令来查看。

3）上述输出还显示了 conda 源的配置。

4）conda 下载安装包时会将其缓存。package cache 项表明 conda 缓存安装包的位置。当发现安装包的行为不正常时，有可能要清除这个缓存。

5）envs directories 项表明所有虚拟环境的文件目录位置何在。/root/miniconda3/envs 目录如下：

```
ls /root/miniconda3/envs
# 输出中包含 test
ls /root/miniconda3/envs/test
# 输出中将包含以下重要目录：
bin # 在 bin 目录下存放 python, pip 等重要命令
lib # 在 lib 下存放 python3.×目录, site-packages 等安装包将最终安装到这里
```

另一个对查错有用的重要命令是 conda list。它将列出当前 conda 环境下已安装的库（package）。

4. 几个常见问题

1）可以重命名一个虚拟环境吗？

从 conda 4.14 起，conda 支持重命名虚拟环境：

```
$ conda rename -n old_name -d new_name
```

不过，上述命令其实只是 conda create 和 conda remove 的简单组合，所以，在旧的 conda 版本下，你可以这样重命名一个虚拟环境：

```
$ conda create --name new_name --clone old_name
$ conda env remove --name old_name
```

2）如何追踪一个虚拟环境的变更？

这是 conda 提供的一个有用的功能之一，即可以追踪一个虚拟环境的变更历史：

```
# 切换到关注的虚拟环境，并运行以下命令：
$ conda list --revisions
# 恢复变更到某个镜像点
$ conda install --revision 2
```

注意区分 conda list 与 conda env list。后者是列出虚拟环境，前者则是列出当前虚拟环境下安装的 package 和版本。

如果想全面而快速地了解 conda 命令，可以参考《conda 小抄》[①]。

3.3 Python 包安装工具 pip

前文介绍了如何在虚拟环境中安装程序库：

```
$ conda install PACKAGENAME
```

也可以使用 pip 来安装程序库：

```
$ pip install PACKAGENAME
```

实际上，以前面创建的 test 环境为例，conda 已经把 pip 安装到了 /root/miniconda3/envs/test/bin 目录下：

```
$ ls /root/miniconda3/envs/test/bin
```

pip 安装第三方库有多种方式，这里简单介绍一些：

1）从 wheel 文件或者 GitHub 进行安装。

2）从本地文件目录进行安装。这在开发调试阶段中非常有用。它的命令是 pip install -e path/to/your/source。其中 "-e" 是关键。这样，每次对源代码的修改都会自动生效，无须再次安装。

3）仅下载 wheel 文件，而不进行安装。

4）安装非正式发布的文件，比如某个 Alpha 版本，需要使用选项 "--pre"。

如果执行 pip 安装命令时提示找不到某个包，在排除了输入错误之后，那么很可能是在当前使用的 Python 版本下不存在该包。

3.4 配置 VS Code 中的解释器

在创建完一个虚拟环境，安装了 Python 后要在 VS Code 下开发 Python 应用程序，还要在 VS Code 中完成相关的配置。

[①] https://docs.conda.io/projects/conda/en/4.6.0/_downloads/52a95608c49671267e40c689e0bc00ca/conda-cheatsheet.pdf。

在 VS Code 中，打开命令面板（在 macOS 下的快捷键是〈Command+Shift+P〉，其他操作系统中的快捷键是〈Ctrl+Shift+P〉），输入 "Python: Select Interpreter"（如图 3-1 所示），就会出现如图 3-2 所示的列表（你的电脑上的显示可能会有所不同）。

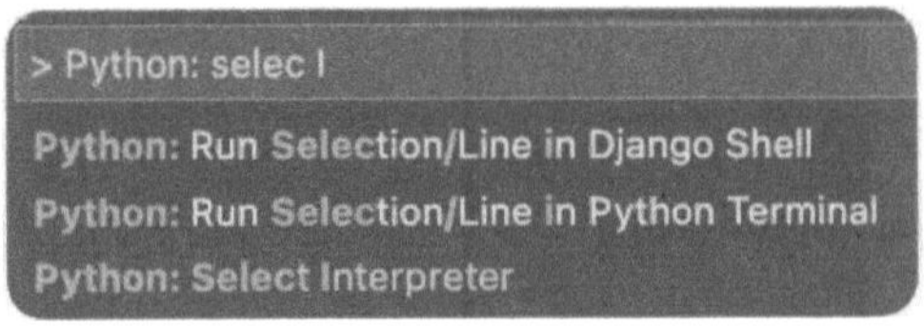

图 3-1　在命令面板中输入 "Python: Select Interpreter" 命令

图 3-2　虚拟环境列表

如果要选择前面创建的 test 环境，也可以直接在这里输入：

```
/root/miniconda3/envs/test/bin/python
```

此外，也可以在 VS Code 的状态栏中寻找类似图 3-3 的提示文字：

图 3-3　状态栏提示

然后单击它，也可进入 "Python: Select Interpreter" 菜单。

至此，完成了最基础的开发环境设置：IDE 已经安装好，并且要使用的 Python 版本也已经指定！现在，你就可以编写一个最简单的 Python 程序：

```
print("Hello World")
```

把这个程序存为 helloworld.py，然后可以在命令行下通过 "python helloworld.py" 来运行。

第4章
项目布局和项目生成向导

在前三章中，我们了解了如何构建开发环境，并且完成了一个最简单的 Python 程序——Hello World。

你可能已经意识到，即使撇开其简陋的功能不说，在其他方面，它也有明显的不足：

1）一般而言，程序的使用者会需要帮助文档，也需要了解关于版权、作者等信息，这些信息应该如何提供？

2）没有任何程序能够避免 bug。你可能已经听说，要减少 bug，程序就必须经过系统和详尽的测试。那么，应该如何编写和组织测试代码？

3）程序应该以安装包的形式发布出去，而不是以源代码的方式交付。Hello World 小程序显然也没有涉及这一部分。

提示：

在 GitHub 上有一个星数高达 5 万的项目，名为 nocode①。它确实做到了不产生任何 bug：

No code is the best way to write secure and reliable applications. Write nothing; deploy nowhere.

不写代码，就不会产生 bug。这真是极高的佛家智慧：菩提本无树，明镜亦非台，本来无一物，何处惹尘埃？不过，就是这样一个项目，还是被提交了超过 3000 个 issues（当我们认为项目中存在 bug 或者有新的功能需求时，就可以提出一个 issue），远超平均水平，这也算是程序员的幽默吧？

一个完整的项目，除了提供最核心的程序功能之外，还必然涉及产品质量控制（包括单元测试、代码风格控制等）、版权、发布历史、制作分发包等杂务，从而也就在实现功能的源代码之外引入了许多其他文件。这些文件应该如何组织？有没有基本的命名规范？是否有工程模板可以套用，或者可以通过工具来生成？本章将为你解答这些问题。

---

① https://github.com/kelseyhightower/nocode。

本章将介绍规范的项目布局应该具有什么样的目录视图，并在最后介绍一个遵循社区最新规范的、生成 Python 工程框架的向导工具。

项目文件布局必须遵循一定的规范。这有两方面的考虑：一是项目文件布局是项目给人的第一印象，一个布局混乱的项目会吓跑潜在的用户和贡献者，而遵循规范的项目文件布局可以让他人更容易上手；二是构建、测试等工具也依赖于一定的文件结构。如果文件结构没有一定的规范，则必然要对每个工具进行一定的配置，才能使其工作。过多的配置项往往会引起错误，增加学习成本。

拓展阅读：

以依赖管理和构建工具 poetry 为例，它会默认把构建生成的包放在 dist 目录下，tox 在构建测试环境时，会在这个目录下寻找安装包。这是一种约定。

在工程构建过程中，使用约定俗成的项目文件结构和规范的文件名、文件夹名，而不是通过烦琐的配置项目自定义，这种原则被称为惯例优于配置（Convention over Configuration），这不仅是 Python，也是许多其他语言遵循的原则。

4.1　标准项目布局

首先，介绍一个经典的 Python 项目布局，由 Kenneth Reitz[1]推荐。他是著名的 Python http 库 requests 和 pipenv 的作者。

这个布局如下所示：

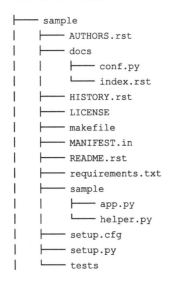

```
├── sample
│   ├── AUTHORS.rst
│   ├── docs
│   │   ├── conf.py
│   │   └── index.rst
│   ├── HISTORY.rst
│   ├── LICENSE
│   ├── makefile
│   ├── MANIFEST.in
│   ├── README.rst
│   ├── requirements.txt
│   ├── sample
│   │   ├── app.py
│   │   └── helper.py
│   ├── setup.cfg
│   ├── setup.py
│   └── tests
```

---

① Kenneth Reitz 开发了非常著名的 requests 库。在 GitHub 上，用关键字 Python 搜索，再按 star 数量来排名，该库排在前 10 名。他的个人网站为https://kennethreitz.org。

下面逐一解释。

4.1.1 一般性文档

1. 项目说明文档

一般使用 README 作为文件名，字母大写。该文件用来向本项目的使用者概括性地介绍项目的基本情况，比如主要功能、优势、版本计划等。这里文件的后缀是.rst，这是一种扩展标记文本格式，通过文档构建工具可以生成富文本格式的文件。现在更流行的格式是 Markdown，以.md 作为文件名后缀。本书第 10 章会详细介绍两者的区别。

2. 许可证文档

一般使用 LICENSE 作为文件名，字母大写。开源项目必须配置此文档。此文件一般为纯文本格式，不支持扩展标记。

3. 版本历史文档

一般使用 HISTORY 作为文件名，字母大写。每一个版本发布，都可能引入新的功能，修复一些 bug 和安全性问题，也可能带来一些行为变更，导致使用者也必须做相应的修改才能使用。

如果没有一个清晰的版本说明，程序库的用户就不知道应该选用哪一个版本，或者是否应该升级到最新版本上。在使用其他人开发的程序库时，并不一定要选择最新的版本，因为有时升级到最新的版本会导致程序无法运行。比如，SQLAlchemy 是一个应用十分广泛的 Python ORM 框架，它的 1.4 版本与前面的版本有较多不兼容的问题。如果你的程序不加修改就直接升级到 1.4 版本，那么程序大概率会崩溃。因此，使用新的版本可能会有益处，但也可能因为兼容性问题破坏现有的应用，所以，在升级新版本之前需要做很多测试的工作。

同 README 一样，版本历史文档可以使用.rst 文件格式，也可以使用.md 文件格式，后文不再特别提示。

4. 开发者介绍文档

一般使用 AUTHORS 作为文件名，字母大写。其目的是向他人介绍项目的开发者团队。

4.1.2 帮助文档

一个优秀的项目，往往还会有比较详尽的帮助文档告诉使用者如何安装、配置和使用，甚至还会配有一些教程。这些文档在命名上没有那么严格，最终，通过文档生成工具转换成格式美观的在线文档，供使用者阅读。一般地，这些文档都放在 docs 目录下，由一个主控文档来串联。当然，具体如何做取决于文档构建工具。

4.1.3 API 文档

还有一类比较特殊的文档，它们不直接出现在上述目录中，而是散落在源代码的各个部分，通过专门工具生成，与帮助文档一起使用。关于帮助文档和 API 文档，将在第 10 章中详细介绍。

4.1.4 工程构建配置文件

不同的构建工具需要不同的配置文件。在 Python 工程中，主要有两种主流的构建工具，一种是 setuptools，另一种是符合 PEP 517、PEP 518 规范的新型构建工具，如 poetry 等。

在上述目录示例中，使用的是基于 setuptools 的构建工具，它需要的配置文件有 setup.py、MANIFEST.IN 等文件，还可能会有 requirements.txt 和 makefile；这也是能看到 setup.py 等文件的原因。如果是使用 poetry，则配置文件会简单许多，只需要一个 pyproject.toml 就够了。

当开始新的项目时，应该只使用 poetry，而不使用 setuptools。poetry 的依赖管理可以锁定程序的运行时，避免很多问题。但是，你可能依然要能看懂基于 setuptools 的工程配置，它们将可能在未来的一两年里还继续存在。

4.1.5 代码目录

在其他开发语言，特别是编译型语言中，代码目录常常被称为源文件目录。由于 Python 是非编译型语言，代码源文件本身就是可执行文件，因此一般不把代码文件称作源文件。通常把发行的目标物称之为一个"包"（package）。因此，在下面的叙述中，我们将会把代码目录称之为包目录或者 package 目录。

因此，如果你正在开发一个名为 sample 的 package，那么你的代码就应该放在一个名为 sample 的目录下。

有一点需要说明的是，这里顶层的 sample 是项目名，内层的 sample 是包名。两级目录共用一个名字，这让初学者多少有一些困惑。但是，在 Python 中，不能像其他语言那样，直接把 package 目录改为 src 目录，因为这样会导致生成的 package 也会叫 src，这样不仅包名没有意义，并且会导致所有人开发的库都使用了同一个名字。

> 提示：
> 更有甚者，一些项目（或者项目生成工具）会将程序的主入口文件也命名为与项目同名的文件。即如果项目名为 sample，则主入口程序文件也命名为 sample.py。在上面的示例中，推荐的主入口程序文件名为 app.py。这个文件应该是程序入口，用于管理应用程序的生命期，比如初始化、进入事件循环并响应退出信号等。

按照上面的目录视图制作出来的发行包，包名会是 sample。当要使用 sample 中模块的功能时，可以这样导入：

```python
# 注意，"import *"一般不推荐使用，这里这样使用是为了方便示例
from sample.helper import *
```

> 拓展阅读：
> PyPA 在 sampleproject[①]中给出了另一种文件结构，在这里 sample 放在 src 目录下。

---

① https://github.com/pypa/sampleproject。

PyPA 就是 PyPI 的开发者，Python 分发包事实上的标准。因此他们的趣向也会影响到其他开发者。

可以肯定的是，无论如何，代码目录名必须是 package，而不能为其他。至于要不要在其上再加一层 src/目录，目前还存在一些争议。但是，一旦确定了工程目录结构，此后就不要修改，否则会涉及大量文件需要修改，因为这跟导入密切相关。

4.1.6 单元测试文件目录

单元测试文件的目录名一般为 tests。这也是许多测试框架和工具默认的文件夹位置。

4.1.7 Makefile

Python 程序员可能并不太喜欢 Makefile。在其他语言中，Makefile 和工具 make 的主要作用是定义依赖关系，编译生成构建物。Python 程序一般无须编译，它只需要进行打包。所以在最新的基于 Poetry 的项目模板中，是没有 Makefile 的。但是有一些工具，比如 Sphinx 文档构建中还需要 Makefile；此外，Makefile 的多 target 命令模式也有它的用处，因此，是否使用 Makefile 取决于项目的需要。

在 Kenneth Reitz 推荐的项目布局中，还缺少一些重要的文件（或者目录）。这些是确保项目质量不可或缺的。主要是 lint 工具的配置文件、tox 配置文件、CI 配置文件、codecoverage 配置文件等。下面逐一介绍。

4.1.8 相关工具的配置文件

项目可能使用 lint 工具（如 Flake8）来进行语法检查，使用 Black 来进行格式化。这些工具都会引入配置文件。此外，为了保证签入服务器的代码的风格和质量，可能会配置 pre-commit hooks。

4.1.9 tox 配置文件

如果一个项目同时支持多个 Python 版本，那么在发布之前往往需要在各个 Python 环境下都运行单元测试。为单元测试自动化地构建虚拟运行环境并执行单元测试，这就是 tox 要做的工作。这也是第 3 章讲的虚拟运行环境的一个实际使用案例。

配置了 tox 的项目后，会在根目录下引入 tox.ini 文件。

4.1.10 CI 配置文件

在项目中使用 CI（Continuous Integration，持续集成）是尽早暴露问题，避免更大损失的有效方法。通过使用 CI，可以确保程序员签入的代码在并入主分支之前是能够通过单元测试的。

有一些在线的 CI 服务，比如 AppVeyor、Travis 和后起之秀 GitHub Actions。如果使用 Travis 的话，需要在根目录下放置 travis.yml 文件。如果使用 GitHub Actions，则需要在根目录下的.github/workflows/中放置配置文件，GitHub 对配置文件的名称没有要求。

本书推荐使用 GitHub Actions。

4.1.11　code coverage 配置文件

需要通过 code coverage 来度量单元测试的强度。一些优秀的开源项目，其 code coverage 甚至可以做到 100%（当然允许合理地排除一些代码）。在 Python 项目中，一般使用 Coverage.py[1]来进行代码覆盖测试。测试框架（比如 Pytest）都会集成 code coverage，无须单独调用，但一般需要在根目录录下配置.coveragerc。

作为开源项目，我们希望能够发布单元测试覆盖报告，以便给使用者更强的信心。Codecov[2]就是这样一个平台，一般在 CI 中配置它，所以这部分配置会体现在 CI 的配置文档中。

你可能不能完全理解这里提到的各种工具在项目中起到的作用以及应该如何配置。实际上，要手动生成一个规范的项目框架并不容易，理解每种工具的作用并且配置使之能协同工作都需要一定的经验，在许多开发组里，搭建架构的工作一般由 DEV lead 来进行，这也是有其依据的。

好消息是有人已经做了很多工作，可以自动生成上述文件并配置好。这样的解决方案很多，在本书中推荐使用项目生成向导[3]来生成项目布局并完成配置。

> 拓展阅读：
> 一些工具的默认配置可能会相互冲突，这也是很常见的现象。因为大家对什么是最优的技术路线都有自己的理解。比如 Flake8 与 Black 对什么是正确的代码格式的看法就有些不一致，从而导致有时候 Black 格式化的代码总是通不过 Flake8 的检查。因此，如何使得工具之间相互协调也是新建项目时比较费时费力的事。

下面就结合项目生成向导来介绍更多的配置文件。

4.2　项目生成向导

如果你有其他语言的开发经验，你会发现像 Visual Studio 或者 IntelliJ 这样的开发工具有较好的向导，只需要单击一些按钮，填写一些信息，就能立刻生成一个能编译的项目。很遗憾，在 Python 世界中还没有任何一个开发工具（无论是 VS Code 还是 PyCharm）可以提供这样的功能。

4.2.1　Cookiecutter

幸运的是，有一些开源的项目，比如 Cookiecutter[4]，可以帮助生成各种项目的架构。

---

① https://coverage.readthedocs.io/en/coverage-5.5/。

② https://about.codecov.io/。

③ https://zillionare.github.io/python-project-wizard/。

④ https://cookiecutter.readthedocs.io。

拓展阅读：

现在的趋势是，除了 IDE 之外，一些框架和工具本身也提供生成向导。比如 JavaScript 中的 Vue。本文中多次提到的 poetry 也有生成框架程序的功能，不过，它并不能提供上文介绍的所有这些文件的模板，更不要提自定义它们。

Cookiecutter 一词的本意是饼干制造机。在这里，Cookiecutter 是一个生产项目模板的基础框架，理论上可用来生成任何开发语言的项目框架。通过 Cookiecutter，结合各种事先定义好的工程模板，就可以快速定制出自己想要的项目框架。

cookiecutter-pypackage[①]是遵循 Cookiecutter 规范开发的一个生成 Python 项目的模板，它在 GitHub 上有接近 4000 的 Star 数。

在 cookiecutter-pypackage 生成项目的过程中，会询问开发者的名字、邮箱、项目名称、许可证类型（有 MIT、BSD 等许可证模式供选择，并提供标准的 LICENSE 文本）、是否集成 click 命令行界面、是否生成 console script 等。回答完成这些问题之后，你就能得到一个框架程序，可以立刻编译并发布它，包括文档。

提示：

Click 是 Pallets[②]项目组开发的一款命令行工具。Pallets 还是大名鼎鼎的 Flask 和 Jinja 的开发者。使用 Click 之后，创建的 Python 库就可以轻松转化为一个命令行应用，Click 会帮助处理命令行解析等烦琐的工作。Click 在 GitHub 上的星数（star）超过 1.4 万，是 Python 开发者必须了解的 Python 基础库之一。

4.2.2 Python Project Wizard

cookiecutter-pypackage 出现已经有一段时间了，它迭代较慢，所使用的技术并不完全符合现在的社区规范，所以本书编者基于 cookiecutter-pypackage 开发了一个全新的模板 Python Project Wizard（PPW），它具有这些功能：

1）提供 README、AUTHORS、LICENSE、HISTORY 等文件的模块，并根据提供的相关信息进行定制化。

2）通过 poetry 来管理项目的版本和依赖，进行构建和发布。这也是当前的主流方案。

3）集成 MkDocs 和 mkdocstrings，使得用户可以使用简便的 Markdown 语法来撰写帮助文档，并自动从代码中提取注释生成 API 文档。另一种方案是使用 Sphinx，它的语法则要烦琐很多。

4）通过 tox 和 Pytest 来实现本地单元测试的多个 Python 版本的矩阵式覆盖。同时，这一阶段还进行代码格式化、语法检查、构建物格式测试，确保代码风格完全符合项目约定，代码质量符合要求。

---

① https://github.com/audreyfeldroy/cookiecutter-pypackage。

② https://palletsprojects.com/。

5）在代码风格强化方面，通过 Black 来格式化代码，使用 isort 来重新组织 import 代码段，使用 Flake8 和 flake8-docstrings 来检查语法和文档格式。

6）通过 pre-commit hooks[①]在代码签入时强制进行语法检查和格式化。

7）使用 Python Fire[②]来生成命令行界面（console script）。Python Fire 要比 Click 更简单易用，基本上无须学习即可上手。

8）使用 GitHub Actions 来进行持续集成（CI），实现在多个操作系统、多个 Python 版本下的矩阵式测试覆盖，自动发布文档和构建物（即 Python 库），生成 codecoverage report，并自动上传到 Codecov。

9）使用 Git Pages 来托管文档。

拓展阅读：

什么是构建物（artifact）测试？当发布构建好的程序库到 PyPI 时，有可能因为格式问题被拒绝，这将会导致持续集成失败。一个名为 Twine 的工具可以对 artifact 进行检查，提前发现这种错误。

Python 安装工具支持将命令行工具 console script 添加到分发包中，这样在开发的 Python 库安装之后就可以直接从命令行调用，就像原生的 shell 命令一样。

为什么要通过 CI 来进行版本发布？从开发机器上进行发布有很大的随意性，难以确保发布包的质量。当把代码签入到 main/master 分支，通过测试后，给分支添加 tag 时会触发自动发布。这样发布的包可以确保质量，并且每一次发布都确保源代码、版本号与发布的构建物完全一致，可以追溯。

从上面的功能介绍可以看出，Python Project Wizard 不仅仅帮助生成项目的初始布局，它还是一系列规范和流程的倡导者，并通过工具配置和自动化，使得这些规范和流程在开发过程中被严格遵循。如果不遵循这些规范，代码将不会被签入代码仓库，也永远不能自动发布到 PyPI 上。

读者可以在线查看关于 Project Wizard 向导工具的更多信息[③]。

4.3　如何使用 Python Project Wizard

4.3.1　安装 Python Project Wizard（PPW）

首先，为新工程创建一个虚拟环境 sample：

```
conda create -n sample python=3.10
```

---

① https://pre-commit.com/。

② https://github.com/google/python-fire。

③ https://zillionare.github.io/python-project-wizard。

然后，在 sample 虚拟环境下，运行下面的命令：

```
pip install ppw
```

4.3.2　生成项目框架

现在可以使用 ppw 命令来创建一个项目：

```
ppw
```

这里会提示输入一些信息，如图 4-1 所示。

```
(base) root@ubuntu:/tmp# ppw
full_name []: your name
email []: your_name@example.com
github_username []: your_github_account
project_name [Python Boilerplate]: my first project
project_slug [my_first_project]:
project_short_description [Skeleton project created by Python Project Wizard (ppw)]: my first project for testing
version [0.1.0]:
use_pytest [y]:
add_pyup_badge [n]:
Select command_line_interface:
1 - Fire
2 - No command-line interface
Choose from 1, 2 [1]: 1
create_author_file [y]:
Select open_source_license:
1 - MIT
2 - BSD-3-Clause
3 - ISC
4 - Apache-2.0
5 - GPL-3.0-only
6 - Not open source
Choose from 1, 2, 3, 4, 5, 6 [1]: 1
Select docstrings_style:
1 - google
2 - numpy
3 - rst
Choose from 1, 2, 3 [1]: 1
init_dev_env [y]:
Initialized empty Git repository in /tmp/my_first_project/.git/
  installing pre-commit hooks...

/root/miniconda3/bin/python: No module named pip
pre-commit installed at .git/hooks/pre-commit
  pre-commit hooks was successfully installed
```

图 4-1　Python Project Wizard

注意 project_slug 是 github repo 的名称，也是默认的程序库名，名字中不能有空格和 "-"。

最后提示是否要创建开发环境，默认是 "yes"。它将为你安装 pre-commit hooks，安装 poetry 和项目依赖。在稍后的章节中将进行讲解。

4.3.3　安装 pre-commit hooks

如果在 PPW 生成命令时选择了 init_dev_env，那么这一步已经自动运行过了。不过，这里正好借此机会来介绍一下 init_dev_env 具体做了什么。

pre-commit hooks 是 Git 的一个模块，它允许通过配置一些检查钩子，使得在将代码上传到仓库之前可以进行一些基础的语法和风格检查，避免将不合格的代码混入仓库中。

一般情况下，通过运行命令 pre-commit install 来安装钩子。当 PPW 被安装时，这个命令也就随之安装到虚拟环境中了。但是，如果在 PPW 生成命令时没有选择 init_dev_cnv，现在也可以手动运行这个命令。

4.3.4　安装开发依赖

提示：

同 pre-commit hooks 一样，如果在 PPW 生成命令时选择了 init_dev_env，这一步也自动运行过了。

在前面介绍过依赖冲突问题，解决办法之一就是为每一个项目创建一个单独的运行环境。尽管如此，对一些大型项目，冲突仍然可能发生。有一些冲突是由于开发过程中引入的各种工具包造成的，这些工具包并不会发布到最终用户那里。因此，可以采用依赖分组，只在开发或者测试环境下安装这些可能导致冲突的工具包。

Python Project Wizard 创建的模板正是这样做的。它使用了 poetry 来进行项目管理，并将项目的开发依赖分成 dev、test、doc 三个组，这样依赖的粒度更小。作为开发者，应该同时安装这三组依赖。

```
pip install poetry
poetry install -E doc -E test -E dev
tox
```

在安装好开发依赖之后，立即运行 tox 命令，对新生成的框架程序进行测试。命令最后会给出一个测试报告和 lint report。不出意外，这里不应该有任何错误（但可能会有重新格式化的警告）。

4.3.5　创建 GitHub Repo

现在已经有了一个结构良好的框架程序，你可以立刻基于它进行功能开发。但是，一个完整的开发流程还至少包括代码管理、CI 和发布。接下来看看应该如何处理这一部分。

这里使用 GitHub 作为代码仓库，也可以使用 GitLab 或者其他的代码仓库。GitHub 是一个免费的服务，几乎人人都能使用，也无须安装和设置，因此，在本书中都尽可能地使用这些免费服务。

登录到 GitHub，创建一个名为 sample 的 repo（sample 即为 project_slug）。然后在本机进入 sample 目录，执行以下操作：

```
cd sample
# git init
```

```
git add .
git commit -m "Initial skeleton."
git branch -M main
git remote add origin git@github.com:myusername/sample.git
git push -u origin main
```

4.3.6 进行发布测试

现在，可以通过向 TestPyPI 进行发布来测试构建过程。当然，也可以暂时忽略这一步。

关于这一步，请参见文档[①]。

4.3.7 设置 GitHub CI

你也可以暂时忽略这一步，但是强烈建议你完成它。

向导生成的项目中已经包括了必要的 CI 步骤，如调用 tox 进行测试，发布文档和发行包。但是需要配置一些账户，需要生成 GitHub 的 personal token，并在 repo→settings→secrets 中新增一个名为 PESONAL_TOKEN 的环境变量，其值设置为自己的 token。

你需要在 TestPyPI[②] 和 PyPI[③] 上申请部署用 token，并像刚刚设置 GitHub token 一样，新增 TEST_PYPI_API_TOKEN 和 PYPI_API_TOKEN 这两个变量。

当完成上述设置后，以后每次将代码推送到 GitHub 上的任何分支时都会触发 CI，并在测试通过后自动向 TestPyPI 进行发布；当 main 分支签入代码并且添加了 tag 时，则在测试通过后自动向 PyPI 进行发布。

> 提示：
> 为什么向 GitHub 推送代码时会触发 CI，并向 TestPyPI 进行发布？魔法就隐藏在 .github 目录下。我们将在第 9 章详细介绍这些魔法。

4.3.8 设置 Codecov

CI 已设置为自动发布 codecoverage report，但需要在 Codecov[④] 上导入你的 repo 并授权。

4.3.9 设置 GitHub Pages

CI 已设置为自动发布文档到 GitHub Pages，但需要在项目中启用它。启用的方法是，在 repo→settings→pages 中选中两项，如图 4-2 所示。

---

① https://zillionare.github.io/python-project-wizard/tutorial。

② https://test.pypi.org/manage/account/。

③ https://pypi.org/manage/account/。

④ https://about.codecov.io/。

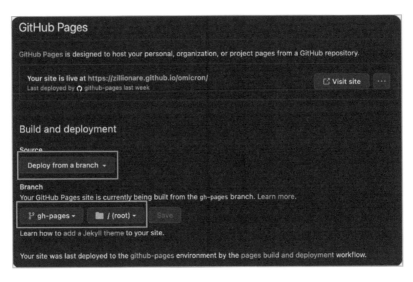

图 4-2 启用 GitHub Pages

4.3.10 GitHub 自动化脚本

对初次使用 GitHub 的人来说，从创建 Git 仓库开始的一些操作可能会比较困难；即使是对熟练使用 GitHub 的人来说，这些步骤也会比较烦琐、易错。因此，在 Python Project Wizard 创建的项目中，都会存在一个 repo.sh 脚本：

```bash
#!/bin/bash

# 注意
# 运行本脚本需要具有完全访问权限的个人令牌（token）
# 在申请到令牌后，请通过环境变量 GH_TOKEN 来设置它

# 创建仓库并将代码推送到 GitHub
gh repo create {{cookiecutter.project_slug}} --public
git remote add origin
git@github.com:{{cookiecutter.github_username}}/{{cookiecutter.project_ slug}}.git
git add .
pre-commit run --all-files
git add .
git commit -m "Initial commit by ppw"
git branch -M main

# 配置 GitHub 工作流需要的密钥
gh secret set PERSONAL_TOKEN --body $GH_TOKEN
gh secret set PYPI_API_TOKEN --body $PYPI_API_TOKEN
gh secret set TEST_PYPI_API_TOKEN --body $TEST_PYPI_API_TOKEN

# 如果需要设置构建完成的邮件通知，请去掉下面的注释
```

```
# gh secret set BUILD_NOTIFY_MAIL_SERVER --body $BUILD_NOTIFY_MAIL_SERVER
# gh secret set BUILD_NOTIFY_MAIL_PORT --body $BUILD_NOTIFY_MAIL_PORT
# gh secret set BUILD_NOTIFY_MAIL_FROM --body $BUILD_NOTIFY_MAIL_FROM
# gh secret set BUILD_NOTIFY_MAIL_PASSWORD --body $BUILD_NOTIFY_MAIL_PASSWORD
# gh secret set BUILD_NOTIFY_MAIL_RCPT --body $BUILD_NOTIFY_MAIL_RCPT

git push -u origin main
```

这个脚本帮助我们完成以下这些任务：

1）创建 GitHub 仓库，并将代码推送到 GitHub。

2）向 GitHub 仓库添加个人 token（PERSONAL_TOKEN）、向 PyPI 发布时需要使用的 API token，以及向 TestPyPI 发布时需要使用的 API token。

3）注册邮件通知。当 GitHub CI 执行完成后，无论是成功还是失败，都会向注册的邮箱发送一封通知邮件。

要运行上述脚本，需要完成以下两件事：

1）安装 GitHub CLI 工具。请参考安装指南[①]。

2）申请一个 GitHub 的个人 token（全部权限），然后将这个 token 通过环境变量 GH_TOKEN 暴露给脚本。只有这样，脚本才能创建 GitHub 仓库，并设置其他 token。

个人 token 需要在 Account→Settings→Developer Settings→Personal access tokens 路径下进行设置，如图 4-3 所示。

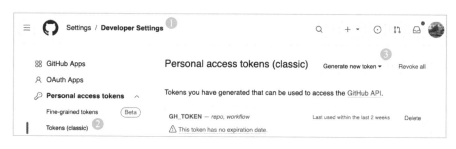

图 4-3　设置路径

一旦设置了这个 token，你可以把它加入到自己机器上的环境变量中，然后在上面的脚本中引用它。此后，当创建新的项目时，可以不再打开 github.com 网页，而是直接通过上述脚本来完成创建新 repo 的工作。

4.3.11　PPW 生成的文件列表

至此，一个规范的新项目就已经创建好，你已经拥有了很多酷炫的功能，比如 CI、Codecov、Git Pages、poetry、基于 Markdown 的文档等。新生成的项目应该看起来像这样，如图 4-4 所示。

---

① https://github.com/cli/cli#installation。

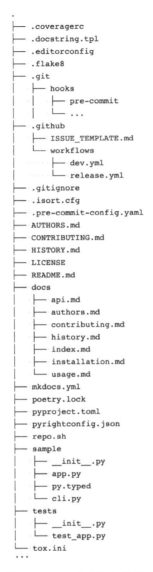

```
.
├── .coveragerc
├── .docstring.tpl
├── .editorconfig
├── .flake8
├── .git
│   ├── hooks
│   │   ├── pre-commit
│   │   └── ...
├── .github
│   ├── ISSUE_TEMPLATE.md
│   └── workflows
│       ├── dev.yml
│       └── release.yml
├── .gitignore
├── .isort.cfg
├── .pre-commit-config.yaml
├── AUTHORS.md
├── CONTRIBUTING.md
├── HISTORY.md
├── LICENSE
├── README.md
├── docs
│   ├── api.md
│   ├── authors.md
│   ├── contributing.md
│   ├── history.md
│   ├── index.md
│   ├── installation.md
│   └── usage.md
├── mkdocs.yml
├── poetry.lock
├── pyproject.toml
├── pyrightconfig.json
├── repo.sh
├── sample
│   ├── __init__.py
│   ├── app.py
│   ├── py.typed
│   └── cli.py
├── tests
│   ├── __init__.py
│   └── test_app.py
└── tox.ini
...
```

图 4-4　PPW 生成的文件列表

　　接下来，将带领你深入这些工具，了解为什么在众多工具中选择了这一种，它们又应该如何配置、如何使用等。

第 5 章
poetry：让项目管理轻松一些

在第 4 章中，我们通过 PPW 生成了一个规范的 Python 项目，对初学者来说，许多闻所未闻、见所未见的概念和名词扑面而来，不免让人一时眼花缭乱，目不暇接。然而，如果不从头讲起，可能读者也无从理解 PPW 为何要应用这些技术，又到底解决了哪些问题。

在 2021 年 3 月，我决定创建一个 Python 项目以打发时间，这个项目有这些文件（如图 5-1 所示）。

```
├── foo
│   ├── foo
│   │   ├── bar
│   │   │   └── data.py
│   └── README.md
```

图 5-1　foo Project

作为一个有经验的开发人员，我的机器上通常有好多个其他的 Python 项目，这些项目往往使用不同的 Python 版本，彼此相互冲突。所以，从一开始，我就决定通过虚拟开发环境来隔离这些不同的工程。我通过 conda 创建了一个名为 foo 的虚拟环境，并且始终在这个环境下工作。

程序将会访问 PostgreSQL 数据库里的 users 表。一般都会使用 SQLAlchemy 来访问数据库，而避免直接使用特定的数据库驱动。这样做的好处是，万一将来需要更换数据库，那么这种迁移带来的工作量将少很多。

在 2021 年 3 月，Python 的异步 IO 已经大放异彩。而 SQLAlchemy 依然不支持这个最新特性，这不免让人有些失望——这会导致在进行数据库查询时，Python 进程会死等数据库返回结果，从而无法有效利用 CPU 时间。好在有一个名为 GINO 的项目弥补了这一缺陷：

```
$ pip install gino
```

注意：
上述命令将安装 gino 1.0 版本。如果读者想运行这里的程序，请将 gino 的版本改为 1.0.1，即运行 pip install gino==1.0.1 命令。
另外，现在已经没有任何必要再使用 gino，SQLAlchemy 已经完全具有了异步 IO 的能力。

做完这一切准备工作，开始编写代码，其中 data.py 的内容如下：

53

```
# 运行以下代码前，请确保本地已安装 PostgreSQL 数据库，并且创建了名为 gino 的数据库

import asyncio
from gino import Gino

db = Gino()

class User(db.Model):
    __tablename__ = 'users'

    id = db.Column(db.Integer(), primary_key=True)
    nickname = db.Column(db.Unicode(), default='noname')

async def main():
    # 请根据实际情况，添加用户名和密码
    # 示例：postgresql://zillionare:123456@localhost/gino
    # 并在本地 PostgreSQL 数据库中，创建 gino 数据库
    await db.set_bind('postgresql://localhost/gino')
    await db.gino.create_all()

    # 其他功能代码

    await db.pop_bind().close()

asyncio.run(main())
```

作为一个对代码有"洁癖"的人，我坚持始终使用 Black 来格式化代码：

```
$ pip install black
$ black .
```

现在运行代码：

```
$ python foo/bar/data.py
```

检查数据库，发现 users 表已经创建。一切正常。

我希望这个程序在 macOS、Windows 和 Linux 等操作系统上都能运行，并且可以运行在从 Python 3.6 到 Python 3.9 的所有版本上。

这里出现第一个问题。你需要准备 12 个环境：三个操作系统，每个操作系统上 4 个 Python 版本，而且还要考虑如何进行"可复现的部署"的问题。在通过 PPW 创建的项目中，这些仅仅是通过修改 tox.ini 和.github\dev.yaml 中的相关配置就可以做到了。但在没有使用 PPW 之前，只能这么做：

在三台分别安装有 macOS、Windows 和 Linux 的机器上，分别创建 Python 3.6 到 Python 3.9 的虚拟环境，然后安装相同的依赖。首先，我通过 pip freeze 把开发机器上的依赖抓取出来：

```
$ pip freeze > requirements.txt
```

然后在另一台机器上准备好的虚拟环境中，运行安装命令：

```
$ pip install -r requirements.txt
```

这里又出现了第二个问题。Black 纯粹是用于开发目的，为什么也需要在测试/部署环境上安装呢？因此，在制作 requirements.txt 之前，我决定将 Black 卸载掉：

```
$ pip uninstall -y black && pip freeze > requirements.txt
```

然而，仔细检查 requirements.txt 之后发现，Black 虽然被移除了，但仅仅是它自己。它的一些依赖，比如 Click、toml 等，仍然出现在这个文件中。

提示：

前面提到过，Click 是 Pallets 项目组开发的一款命令行工具。Black 作为格式化工具，它既可以作为 API 被其他工具调用，也可以作为独立应用，通过命令行来运行。Black 就使用了 Click 来进行命令行参数的解析。

于是，我不得不抛弃 pip freeze 这种做法，只在 requirements.txt 中添加直接依赖（在这里，Black 是直接依赖，而 Click 是间接依赖，由 Black 引入），并且将这个文件一分为二，将 Black 放在 requirements_dev.txt 中。

```
# REQUIREMENTS.TXT
gino==1.0


# REQUIREMENTS_DEV.TXT
black==18.0
```

在当前测试环境下，将只安装 requirements.txt 中的那些依赖。不出所料，项目运行得很流畅。但是，gino 还依赖于 SQLAlchemy 和 asyncpg。后两者被称为传递依赖。虽然已锁定了 gino 的版本，但是 gino 是否正确锁定了 SQLAlchemy 和 asyncpg 的版本呢？这一切仍然不得而知。

在完成上述操作的第二天，SQLAlchemy 1.4 版本发布了。当再安装新的测试环境并进行测试时，程序报出了以下错误：

```
Traceback (most recent call last):
  File "/Users/aaronyang/workspace/best-practice-python/code/05/foo/foo/bar/data.py", line 3, in
<module>
    from gino import Gino
  File "/Users/aaronyang/miniforge3/envs/bpp/lib/python3.9/site-packages/gino/__init__
.py", line 2, in <module>
    from .engine import GinoEngine, GinoConnection  # NOQA
  File "/Users/aaronyang/miniforge3/envs/bpp/lib/python3.9/site-packages/gino/engine.py",
line 181, in <module>
    class GinoConnection:
  File "/Users/aaronyang/miniforge3/envs/bpp/lib/python3.9/site-packages/gino/engine.py",
```

```
line 211, in GinoConnection
        schema_for_object = schema._schema_getter(None)
    AttributeError: module 'sqlalchemy.sql.schema' has no attribute '_schema_getter'
```

我花了差不多整整两天才弄明白发生了什么。我的程序依赖于 gino，而 gino 又依赖于 SQLAlchemy。gino 1.0 是这样锁定 SQLAlchemy 的版本的：

```
$pip install gino==1.0
Looking in indexes: https://pypi.jieyu.ai/simple, https://pypi.org/simple
Collecting gino==1.0
  Downloading gino-1.0.0-py3-none-any.whl (48 kB)
     |████████████████████████████████| 48 kB 129 kB/s
Collecting SQLAlchemy<2.0,>=1.2
  Downloading SQLAlchemy-1.4.0.tar.gz (8.5 MB)
     |████████████████████████████████| 8.5 MB 2.3 MB/s
```

提示：
上述文本是在 2021 年 3 月安装 gino 1.0 时的输出。如果现在运行 "pip install gino==1.0"，会安装 SQLAlchemy 1.4.46 版本，这是它在 1.× 下的最后一个版本。

从 Pip 的安装日志可以看到，gino 声明能接受的 SQLAlchemy 的最小版本是 1.2，最大版本则是不到 2.0。因此，当安装 gino 1.0 时，只要 SQLAlchemy 存在超过 1.2 且小于 2.0 的最新版本，它就一定会选择安装这个最新版本，最终，SQLAlchemy 1.4.0 被安装到环境中。

SQLAlchemy 在 2020 年也意识到了 asyncio 的重要性，并计划在 1.4 版本时转向 asyncio。然而，这样调用接口就必须发生改变。也就是说，之前依赖于 SQLAlchemy 的程序不进行修改是无法直接使用 SQLAlchemy 1.4 的。1.4.0 版本发布于 2021 年 3 月 16 日。

原因找到了，最终问题也解决了。最终，我把这个错误报告给了 gino，gino 的开发者承担了责任，发布了 1.0.1，将 SQLAlchemy 的版本锁定在大于 1.2 且小于 1.4 这个范围内。

```
pip install gino==1.0.1
Looking in indexes: https://pypi.jieyu.ai/simple, https://pypi.org/simple
Collecting gino==1.0.1
    Using cached gino-1.0.1-py3-none-any.whl (49 kB)
Collecting SQLAlchemy<1.4,>=1.2.16
    Using cached SQLAlchemy-1.3.24-cp39-cp39-macosx_11_0_arm64.whl
```

在这个案例中，我并没有要求升级并使用 SQLAlchemy 的新功能，因此，新的安装本不应该去升级这样一个破坏性的版本；但是如果 SQLAlchemy 出了新的安全更新或者 bug 修复，我们也希望程序在不进行更新发布的情况下就能对依赖进行更新（否则，如果任何一个依赖发布安全更新都需要主程序发布更新的话，这种耦合也是很难接受的）。因此，是否存在一种机制，使得我们的应用在指定直接依赖时，也可以恰当地锁定传递依赖的版本，并且允许传递依赖进行合理的更新？这是这个案例提出来的第三个问题。

现在，似乎是发布产品的时候了。当看到其他人把开发的开源项目发布在 PyPI 上时，我也希望我的程序能被千百万人使用。这就需要编写 MANINFEST.in、setup.cfg、setup.py 等文件。

MANIFEST.in 用来告诉 setup tools 哪些额外的文件应该被包含在发行包里，以及哪些文件则应该被排除掉。当然，在这个简单的例子中，这个文件是可以忽略的。

setup.py 中需要指明依赖项、版本号等信息。由于已经使用了 requirements.txt 和 requirements_dev.txt 来管理依赖，所以，在 setup.py 中无须重复指定——只更新 requirements.txt，就可以自动更新 setup.py：

```
from setuptools import setup

with open('requirements.txt') as f:
    install_requires = f.read().splitlines()
with open('requirements_dev.txt') as f:
    extras_dev_requires = f.read().splitlines()

# SETUP 是一个有着庞大参数体的函数，这里只显示了部分相关参数
setup(
    name='foo',
    version='0.0.1',
    install_requires=install_requires,
    extras_require={'dev': extras_dev_requires},
    packages=['foo'],
)
```

实际上，每一次发布时还会涉及修改版本号等问题，这都是容易出错的地方。通常还需要编写一个 makefile，通过 makefile 命令来实现打包和发布。

这些看上去都是很常规的操作，为什么不将它自动化呢？这是第四个问题，即如何简化打包和发布。

这四个问题就是本章要讨论的主题。下面将以 poetry 为主要工具，结合 Semantic Versioning 进行讨论。

5.1 Semantic Versioning

在软件开发领域中，常常要对同一软件进行不断的修补和更新，每次更新都保留大部分原有的代码和功能，修复一些漏洞，引入一些新的构件。

有一个古老的思想实验，被称之为忒修斯船（The Ship of Theseus）问题，它描述的正是同样的场景。

忒修斯船问题最早出自公元一世纪普鲁塔克的记载。它描述的是一艘可以在海上航行几百年的船，只要一块木板腐烂了，它就会被替换掉，以此类推，直到所有的功能部件都不是最开始的那些了。现在的问题是，最后的这艘船是原来的那艘忒修斯之船呢，还是一艘完全不同的船？如果不是原来的船，那么从什么时候起它就不再是原来的船了？

忒修斯船之问，发生在很多领域。像 IBM，不仅 CEO 换了一任又一任，就连股权也在不停地变更。可能很少人有在意，今天的 IBM 跟百年之前的 IBM 还是不是同一家 IBM，就像我们很少关注，人类是从什么时候起不再是智人一样。又比如，如果有一家创业公司，当初吸引你加入，后来创始人变现走人了，尽管公司名字可能没换，但公司新进了管理层和新同事，业务也可能发生了一些变化。那么，这家公司还是你当初加入的公司吗？你是要选择潇洒地离开，还是坚持留下来？

在软件开发领域中，更是常常遇到同样的问题。每遇到一个漏洞（bug），就更换一块"木板"。随着这种修补和替换越来越多，软件也必然出现忒修斯船之问：现在的软件还是不是当初的软件？如果不是，那它是在什么时候不再是原来的软件了呢？

忒修斯船之问有着深刻的哲学内涵。在软件领域，尽管也会遇到类似的问题，但回答就容易很多：

软件应该如何向外界表明它已发生了实质性的变化；生态内依赖于该软件的其他软件，又应该如何识别软件的蜕变呢？

为了解决上述问题，Tom Preston-Werner（GitHub 的共同创始人）提出 Semantic Versioning 方案，即基于语义的版本管理。提出 Semantic Versioning 的初衷是：

> 提示：
>
> 在软件管理的领域里存在着被称作"依赖地狱"的死亡之谷，系统规模越大，加入的包越多，你就越有可能在未来的某一天发现自己已深陷绝望之中。

在强依赖的系统中发布新版本包可能很快会成为噩梦。如果依赖关系过强，可能面临版本控制被锁死的风险（必须对每一个依赖包改版才能完成某次升级）。而如果依赖关系过于松散，又将无法避免版本的混乱（假设兼容于未来的多个版本已超出了合理数量）。

简单地说，Semantic Versioning 就是用版本号的变化向外界表明软件变更的剧烈程度。要理解 Semantic Versioning，首先得了解软件的版本号。

软件的版本号一般由主版本号（major）、次版本号（minor）、修订号（patch）和构建编号（build no）四部分组成。由于 Python 程序没有其他语言通常意义上的构建，因此，对 Python 程序而言，一般只用三段，即 major.minor.patch 来表示。

> 提示：
>
> 实际上，出于内部开发的需要，Python 程序的版本可能仍然用 build no，特别是在 CI 中。当向仓库推送一个 commit 时，CI 都需要进行一轮构建和自动验证，此时并不会修改正式版本号，因此，一般倾向于使用构建号来区分不同的 commit 导致的版本不同。在 Python Project Wizard 生成的项目中，其 CI 就实现了这个逻辑。

上述版本表示法没有反映出任何规则。在什么情况下，你的软件应该定义为 0.×，什么时候又应该定义为 1.×？什么时候递增主版本号，什么时候则只需要递增修订号呢？如果不同的软件生产商对以这些问题没有共识的话，会产生什么问题吗？

实际上，由于随意定义版本号引起的问题很多。在前面提到过 SQLAlchemy 的升级导致许多 Python 软件不能正常工作的例子。在讲述那个例子时，我指出是 GINO 的开发者承担了责任，发行了新的 GINO 版本，解决了这个问题。但实际上，责任的根源在 SQLAlchemy 的开发者那里。

从 1.3.× 到 1.4.×，出现了接口的变更，这是一种破坏性的更新，此时，新的 1.4 已不再是过去的"忒修斯之船"了。使用者如果不修改调用方式，就无法使用 SQLAlchemy。GINO 的开发者认为（这也是符合 Semantic Versioning 思想的），SQLAlchemy 从 1.2 到 2.0 之间的版本，可以增加接口，增强性能，修复安全漏洞，但不应该变更接口；因此，它声明为依赖 SQLAlchemy 小于 2.0 的版本是安全的。但可惜的是，SQLAlchemy 并没有遵循这个约定。

Sematic Versioning 提议用一组简单的规则及条件来约束版本号的配置和增长。首先，规划好公共 API，在此后的新版本发布中，通过修改相应的版本号来说明修改的特性。考虑使用这样的版本号格式：X.Y.Z（主版本号. 次版本号. 修订号）。修复问题但不影响 API 时，递增修订号；API 保持向下兼容的新增及修改时，递增次版本号；进行不向下兼容的修改时，递增主版本号。

在前面提到过 SQLAlchemy 从 1.× 升级到 1.4 的例子，实际上，由于引入了异步机制，这是不能向下兼容的修改，因此，SQLAlchemy 本应该启用 2.× 的全新版本序列号，而把 1.4 留作 1.× 的后续修补发布版本号使用。如此一来，SQLAlchemy 的使用者就很容易明白，如果要使用最新的 SQLAlchemy 版本，则必须对他们的应用程序进行完全的适配和测试，而不能像之前的升级一样，简单地把最新版本安装上，就仍然期望它能像之前一样工作。不仅如此，一个定义了良好依赖关系的软件，还能自动从升级中排除升级到 SQLAlchemy 2.×，而始终只在 1.×，甚至更小的范围内进行升级。

提示：

SQLAlchemy 的错误并非孤例。一个影响范围更广的例子涉及 Python 的 cryptography 库。这是一个广泛使用的密码学相关的 Python 库。为了提升性能，许多代码最初是使用 C 语言写的。有一天，cryptography 库作者意识到，使用 C 语言存在很多安全问题，而安全性又是 cryptography 的核心。于是，在 2021 年 2 月 8 日前后，改用 Rust 来进行实现。这导致安装 cryptography 库的人，必须在本机上有 Rust 的编译工具链——事实是，Rust 与 C 和 Python 相比，是相当小众的，很多人的机器上显然不会有这套工具链。

需要指出的是，cryptography 改用 Rust 实现，并没有改变它的 Python 接口。相反，其 Python 接口完全保持着一致。因此，cryptography 的作者既没有重命名 cryptography，也没有变更主版本号。

但是这一小小的改动，仍然掀起了轩然大波。一夜之间，它摧毁了无数的 CI 系统，无数 Docker 镜像必须被重构，抱怨声如潮水般涌向 cryptography 库作者。在短短几个小时，他就收到了 100 条激烈的评论，最终他不得不关掉了这个[issue]①。

---

① https://github.com/pyca/ cryptography/issues/5771。

一个正确地使用 Semantic Versioning 的例子是 aioredis 从 1.×升级到 2.0。尽管 aioredis 升级到 2.0 时，大多数 API 并没有发生改变——只是在内部进行了性能增强，但它的确改变了初始化 aioredis 的方式，从而使得应用程序不可能不加修改就直接更新到 2.0 版本。aioredis 在这种情况下将版本号更新为 2.0 是非常正确的。

事实上，如果程序的 API 发生了变化（函数签名发生改变），或者其他情况导致旧版的数据无法继续使用，你都应该考虑主版本号的递增。

此外，从 0.1 到 1.0 之前的每一个 minor 版本，都被认为在 API 上是不稳定的，都可能是破坏性的更新。因此，如果程序使用了还未定型到 1.0 版本的第三方库，你需要谨慎地声明依赖关系。而如果作为开发者，在软件功能稳定下来之前，不要轻易地将版本发布为 1.0。

5.2 poetry：简洁清晰的项目管理工具

poetry 是一个依赖管理和打包工具。poetry 的作者解释开发 poetry 的初衷时说：

提示：

Packaging systems and dependency management in Python are rather convoluted and hard to understand for newcomers. Even for seasoned developers it might be cumbersome at times to create all files needed in a Python project: setup.py, requirements.txt, setup.cfg, MANIFEST.in and the newly added Pipfile. So I wanted a tool that would limit everything to a single configuration file to do: dependency management, packaging and publishing.

翻译：Python 的打包系统和依赖管理相当复杂，对新人来讲尤其费解。要正确地创建 Python 项目所需要的文件 setup.py、requirements.txt、setup.cfg、MANIFEST.in 和新加入的 Pipfile，有时候即使是一个有经验的老手，也是有一些困难的。因此，我希望创建一种工具，只用一个文件就实现依赖管理、打包和发布。

通过前面的案例，我们已经提出了一些问题，但不止于此。

当将依赖加入到 requirements.txt 时，没有人帮你确定它是否与既存的依赖能够和平共处。这个过程要比我们想象的复杂许多，不仅仅是直接依赖，还需要考虑彼此的传递依赖是否也能彼此兼容；所以一般的做法是先将它们加进来，完成开发和测试，在打包之前，运行 pip freeze > requirements.txt 来锁定依赖库的版本。但在前面的案例中提到过，这种方法可能会将不必要的开发依赖打入到发行版中；此外，它会过度锁定版本，从而使得一些活跃的第三方库失去自动更新热修复和安全更新的机会。

项目的版本管理也是一个问题。在老旧的 Python 项目中，一般使用 bumpversion 来管理版本，它需要使用三个文件。在我的日常使用中，它常常会出现各种问题，最常见的是单双引号导致把__version__=0.1 当成一个版本号，而不是 0.1。这样打出来的包名也会奇怪地多一个无意义的 version 字样。单双引号则是因为 format 工具对字符串常量的引号使用规则不同。

在对项目进行打包和发布时需要准备太多的文件，正如 poetry 的开发者所说，要确保这些文件的内容完全正确，对一个有经验的开发者来说，也不是轻而易举的事。

poetry 解决了所有这些问题（除了案例中的第一个问题，该问题要通过 tox 和 CI 来解决）。它提供了版本管理、依赖解析、构建和发布的一站式服务，并将所有的配置集中到一个文件中，即 pyproject.toml。此外，poetry 还提供了一个简单的工程创建向导。不过，这个向导的功能仍然过于简单，推荐使用第 4 章介绍的 Python Project Wizard。

提示：

实际上，poetry 还会用到另一个文件，即 poetry.lock。这个文件并非独立文件，而是 poetry 根据 pyproject.toml 生成的、锁定了依赖版本的最终文件。它的主要作用是在一组开发者之间帮助其他开发者省去依赖解析的时间。因此，当通过 poetry 向项目中增加（或者移除）依赖时，该文件会被更新。你应该把该文件也提交到代码仓库中。但是，该文件并不会发布给最终用户。

现在，sample 项目中的 pyproject.toml 文件内容如下：

```
[tool]
[tool.poetry]
name = "sample"
version = "0.1.0"
homepage = "https://github.com/zillionare/sample"
description = "Skeleton project created by Python Project Wizard (ppw)."
authors = ["aaron yang <aaron_yang@jieyu.ai>"]
readme = "README.md"
license =  "MIT"
classifiers=[
    'Development Status :: 2-Pre-Alpha',
    'Intended Audience :: Developers',
    'License :: OSI Approved :: MIT License',
    'Natural Language :: English',
    'Programming Language :: Python :: 3',
    'Programming Language :: Python :: 3.7',
    'Programming Language :: Python :: 3.8',
    'Programming Language :: Python :: 3.9',
    'Programming Language :: Python :: 3.10',
]
packages = [
    { include = "sample" },
    { include = "tests", format = "sdist" },
]

[tool.poetry.dependencies]
python = ">=3.7.1,<4.0"
fire = "0.4.0"

black  = { version = "^22.3.0", optional = true}
```

```
isort = { version = "5.10.1", optional = true}
flake8 = { version = "4.0.1", optional = true}
flake8-docstrings = { version = "^1.6.0", optional = true }
pytest = { version = "^7.0.1", optional = true}
pytest-cov = { version = "^3.0.0", optional = true}
tox = { version = "^3.24.5", optional = true}
virtualenv = { version = "^20.13.1", optional = true}
pip = { version = "^22.0.3", optional = true}
mkdocs = { version = "^1.2.3", optional = true}
mkdocs-include-markdown-plugin = { version = "^3.2.3", optional = true}
mkdocs-material = { version = "^8.1.11", optional = true}
mkdocstrings = { version = "^0.18.0", optional = true}
mkdocs-material-extensions = { version = "^1.0.3", optional = true}
twine = { version = "^3.8.0", optional = true}
mkdocs-autorefs = {version = "^0.3.1", optional = true}
pre-commit = {version = "^2.17.0", optional = true}
toml = {version = "^0.10.2", optional = true}
livereload = {version = "^2.6.3", optional = true}
pyreadline = {version = "^2.1", optional = true}
mike = { version="^1.1.2", optional=true}

[tool.poetry.extras]
test = [
    "pytest",
    "black",
    "isort",
    "flake8",
    "flake8-docstrings",
    "pytest-cov"
    ]

dev = ["tox", "pre-commit", "virtualenv", "pip", "twine", "toml"]

doc = [
    "mkdocs",
    "mkdocs-include-markdown-plugin",
    "mkdocs-material",
    "mkdocstrings",
    "mkdocs-material-extension",
    "mkdocs-autorefs",
    "mike"
    ]

[tool.poetry.scripts]
sample = 'sample.cli:main'

[build-system]
requires = ["poetry-core>=1.0.0"]
build-backend = "poetry.core.masonry.api"
```

```
[tool.black]
line-length = 88
include = '\.pyi?$'
exclude = '''
/(
    \.eggs
  | \.git
  | \.hg
  | \.mypy_cache
  | \.tox
  | \.venv
  | _build
  | buck-out
  | build
  | dist
)/
'''
[tool.isort]
profile = "black"
```

下面简单地解读一下这个文件。

在[tool.poetry]节中，定义了包的名字（这里是 sample）、版本号（这里是 0.1.0）和其他的一些字段，比如 classifiers，这是打包和发布时需要的。如果你熟悉 Python setup tools，那么对这些字段将不会陌生。packages 字段指明了打包时需要包含的文件。在示例中，我们要求在以.whl 格式发布的包中，将 sample 目录下的所有文件打包发布；而以 sdist 格式（即.tar.gz）发布的包中，还要包含 tests 目录下的文件。

在[tool.poetry.dependencies]节中，声明项目依赖。首先是项目要求的 Python 版本声明，要求必须在 3.7.1 以上、4.0 以下的 Python 环境中运行。因此，Python 3.7.1、Python 3.8、Python 3.9、Python 3.10 都是恰当的 Python 版本，但 Python 4.0 则不允许。

接下来是工程中需要用到的其他第三方依赖，有运行时的（即当最终用户使用程序时必须安装的第三方依赖），也有开发时的（即只在开发和测试过程中使用到的，比如文档工具类 MkDocs，测试类 tox、Pytest 等）。

我们对运行时和开发时需要的依赖进行了分组。将开发时需要的依赖分成 dev、test 和 doc 三组，通过在[tool.poetry.extras]中进行分组声明。对于归入到 dev、test 和 doc 分组中的依赖，在[tool.poetry.dependencies]中将其声明为 optional 的，在安装最终分发包时，将不会安装到用户环境中。

在[tool.poetry.scripts]节中，声明了一个 console script 入口。console script 是一种特殊的 Python 脚本，它使用户可以像调用普通的 shell 命令一样来调用这个脚本。

```
[tool.poetry.scripts]
sample = 'sample.cli:main'
```

提示：

能制作 console scrip 是 Python 另一个优势——这在 Linux/MacOS 上尤其明显。这样就可以很容易地通过 Python 往 shell 中增加各种命令，使得它们可以串行起来。此外，如果通过 Python script 来提供服务，就很需要通过命令来管理服务，比如启动、停止和显示服务状态。

当 sample 包被安装后，就往安装环境里注入了一个名为 sample 的 shell 命令。它可以接受各种参数，并交给 sample\cli.py 中的 main 函数来执行。

接下来就是如何构建，在[build-system]节中。如果程序中只包含纯粹的 Python 代码，那么这部分可不做任何修改。如果程序包含了一些原生的代码（如 C 语言），那么就需要自己定义构建脚本。

在示例代码中，还有[tool.black]和[tool.isort]两节，分别是 Black（代码格式化工具）和 isort（将导入进行排序的工具）的配置文件。它们是 pyproject.toml 的扩展，并不是 poetry 所要求的。

5.2.1 版本管理

poetry 为 package 提供了基于语义（semantic version）的版本管理功能。它通过 poetry version 命令，查看 package 的版本，以及实现版本号的升级。

假设已经使用 Python Project Wizard 生成了一个工程框架，那么应该可以在根目录下找到 pyproject.toml 文件，其中有一项：

```
version = 0.1
```

如果现在运行 poetry version 命令，就会显示 0.1 版本号。

poetry 使用基于语义的版本表示法。

在 poetry 中，当需要修改版本号时，并不是直接指定新的版本号，而是通过 poetry version semver 来修改版本。semver 可以是 major、minor、patch、premajor、preminor、prepatch 和 prerelease 中的一个。这些关键字定义在规范 PEP 440[①]中。

将 semver 与当前的版本号相结合，通过运算，就得出了新的版本号，如表 5-1 所示。

表 5-1　poetry 版本运算规则

规则	运算前	运算后
major	1.3.0	2.0.0
minor	2.1.4	2.2.0
patch	4.1.1	4.1.2
premajor	1.0.2	2.0.0-alpha.0
preminor	1.0.2	1.1.0-alpha.0
prepatch	1.0.2	1.0.3-alpha.0

---

① https://peps.python.org/pep-0440/。

（续）

规则	运算前	运算后
prerelease	1.0.2	1.0.3-alpha.0
	1.0.3-alpha.0	1.0.3-alpha.1
	1.0.3-beta.0	1.0.3-beta.1

可以看出，poetry 对版本号的管理是完全符合 Semantic Version 的要求的。当完成了一个小的修订（比如修复了一个 bug，或者增强了性能，或者修复了安全漏洞），此时只应该递增 package 的修订号，即 x.y.z 中的 z，这时应该使用命令：

```
$ poetry version patch
```

如果之前的版本是 0.1.0，那么运行上述命令后，版本号将变更为 0.1.1。

如果 package 新增加了一些功能，而之前提供的功能（API）还能继续使用，那么应该递增次版本号，即 x.y.z 中的 y。这时应该使用命令：

```
$ poetry version minor
```

如果之前的版本是 0.1.1，那么运行上述命令后，版本号将变更为 0.2.0。

如果 package 进行了大幅的修改，并且之前提供的功能（API）的签名已经变了，使得调用者必须修改程序才能继续使用这些 API，或者新的版本不再能兼容老版本的数据格式，用户必须对数据进行额外的迁移，那么，这就是一次破坏性的更新，必须升级主版本号：

```
$ poetry version major
```

如果之前的版本号是 0.3.1，那么运行上述命令之后，版本号将变更为 1.0.0；如果之前的版本号是 1.2.1，那么运行上述命令之后，版本号将变更为 2.0.0。

除此之外，poetry 还提供了对预发布版本号的支持。比如，上一个发布版本号是 0.1.0，那么在正式发布 0.1.1 这个修订之前，可以使用 0.1.1.a0 版本号：

```
$ poetry version prerelease
Bumping version from 0.1.0 to 0.1.1a0
```

如果需要再出一个 alpha 版本，则可以再次运行上述命令：

```
$ poetry version prerelease
Bumping version from 0.1.1a0 to 0.1.1a1
```

如果 alpha 版本已经完成，可以正式发布，运行下面的命令：

```
$ poetry version patch
Bumping version from 0.1.1a1 to 0.1.1
```

poetry 暂时还没有提供从 alpha 转到 beta 版本系列的命令。如果有此需要，需要手动编辑 pyproject.toml 文件。

除了 poetry version prerelease 之外，上面列出的 premajor、preminor 和 prepatch 选项，它们的作用也是将版本号修改为 alpha 版本系列，但无论运行多少次，它们并不会像 prerelease 选项一样递增 alpha 版本号。所以在实际的 alpha 版本管理中，似乎只使用 poetry version prerelease 就可以了。

5.2.2 依赖管理

1. 实现依赖管理的意义

我们已经通过大量的例子说明了依赖管理的作用，总结起来，依赖管理不仅要检查项目中声明的直接依赖之间的冲突，还要检查它们各自的传递依赖之间的彼此兼容性。

2. 进行依赖管理的相关命令

在 poetry 管理的工程中，当向工程中加入（或者更新）依赖时，总是使用 poetry add 命令，比如 poetry add pytest。

这里可以指定版本号，也可以不指定版本号。在执行命令时，会对 Pytest 所依赖的库进行解析，直到找到合适的版本为止。如果指定了版本号，而该版本与工程中已有的其他库不兼容的话，命令将会失败。

在添加依赖时，一般要指定较为准确的版本号，界定上下界，从而避免意外升级带来的各种风险。在指定依赖库的版本范围时，有以下各种语法：

```
$ poetry add SQLAlchemy            # 使用最新的版本
```

使用通配符语法：

```
# 使用任意版本，无法锁定上界，不推荐
$ poetry add SQLAlchemy=*

# 使用>=1.0.0, <2.0.0 的版本
$ poetry add SQLAlchemy=1.*
```

使用插字符（caret）语法：

```
# 使用>=1.2.3, <2.0.0 的版本
$ poetry add SQLAlchemy^1.2.3

# 使用>=1.2.0, <2.0.0 的版本
$ poetry add SQLAlchemy^1.2

# 使用>=1.0.0, <2.0.0 的版本
$ poetry add SQLAlchemy^1
```

使用波浪符（Tilde）语法：

```
# 使用>=1.2.0, <1.3 的版本
$ poetry add SQLAlchemy~1.2
```

```
# 使用>=1.2.3, <1.3 的版本
$ poetry add SQLAlchemy~1.2.3
```

使用不等式语法（及多个不等式）：

```
# 使用>=1.2, <1.4 的版本
$ poetry add SQLAlchemy>=1.2,<1.4
```

最后，精确匹配语法：

```
# 使用 1.2.3 版本
$ poetry add SQLAlchemy==1.2.3
```

如果有可能，建议总是使用波浪符语法或者不等式语法。它们有助于在可升级性和可匹配性上取得较好的平衡。比如，在增加对 SQLAlchemy 的依赖时，如果使用了插字符语法，已经发行出去的安装包则会在安装时自动采用直到 2.0.0 之前的 SQLAlchemy 的最新版本。因此，如果安装包是在 SQLAlchemy 1.4 发布之前被安装的，此后用户不再升级，它们也将可以正常运行；而如果是在 SQLAlchemy 1.4 发布之后被安装的，pip 将自动使用 1.4 及之后最新的 SQLAlchemy，于是这个跟之前版本不兼容的 1.4 版本就被安装上了，导致程序崩溃；除非发行新的升级包，否则将不会有任何办法来解决这一问题。

由此也看出来，SQLAlchemy 的发行并不符合 Semantic 的标准。一旦出现 API 不兼容的情况，是需要对主版本升级的。如果 SQLAlchemy 不是将版本升级到 1.4，而是升级到 2.0，则不会导致程序出现问题。

始终遵循社区规范进行开发，这是每一个开源程序开发者都应该重视的问题。

指定过于具体的版本也会有它的问题。在向工程中增加依赖时，如果直接指定了具体的版本，有可能因为依赖冲突的原因而无法指定成功。此时可以指定一个较宽泛的版本范围，待解析成功和测试通过后再改为固定版本。另外，如果该依赖发布了一个紧急的安全更新，通常会使用递增修订号的方式来递增版本。使用指定的版本号会导致应用无法快速获得此安全更新。

在第 4 章中已经提到了依赖分组，应用程序会依赖许多第三方库，这些第三方库中，有的是运行时依赖，因此它们必须随程序一同被分发到终端用户；有的则是开发时依赖，比如 Pytest、Black、MkDocs 等。因此，应该将依赖进行分组，并且只向终端用户分发必要的依赖。

这样做的益处是显而易见的。一方面，依赖解析并不容易，一个程序同时依赖的第三方库越多，依赖解析就越困难，耗时越长，也越容易失败；另一方面，向终端用户的环境注入的依赖越多，就越容易遇到依赖冲突问题。

最新的 Python 规范允许程序使用发行依赖（在最新的 poetry 版本中，被归类为 main 依赖）和 extra requirements。在第 4 章中，我们把 extra requirement 分为三个组，即 dev、test、doc。

```
[tool.poetry.dependencies]
black  = { version = "20.8b1", optional = true}
isort  = { version = "5.6.4", optional = true}
flake8  = { version = "3.8.4", optional = true}
flake8-docstrings = { version = "^1.6.0", optional = true }
```

```
pytest   = { version = "6.1.2", optional = true}
pytest-cov  = { version = "2.10.1", optional = true}
tox  = { version = "^3.20.1", optional = true}
virtualenv  = { version = "^20.2.2", optional = true}
pip  = { version = "^20.3.1", optional = true}
mkdocs  = { version = "^1.1.2", optional = true}
mkdocs-include-markdown-plugin = { version = "^1.0.0", optional = true}
mkdocs-material = { version = "^6.1.7", optional = true}
mkdocstrings = { version = "^0.13.6", optional = true}
mkdocs-material-extensions  = { version = "^1.0.1", optional = true}
twine  = { version = "^3.3.0", optional = true}
mkdocs-autorefs = {version = "0.1.1", optional = true}
pre-commit = {version = "^2.12.0", optional = true}
toml = {version = "^0.10.2", optional = true}

[tool.poetry.extras]
test = [
    "pytest",
    "black",
    "isort",
    "flake8",
    "flake8-docstrings",
    "pytest-cov",
    "twine"
    ]

dev = ["tox", "pre-commit", "virtualenv", "pip",  "toml"]

doc = [
    "mkdocs",
    "mkdocs-include-markdown-plugin",
    "mkdocs-material",
    "mkdocstrings",
    "mkdocs-material-extension",
    "mkdocs-autorefs"
    ]
```

这里 tox、pre-commit 等是开发过程中使用的工具；Pytest 等是测试时需要的依赖；而 doc 则是构建文档时需要的工具。通过这样划分，可以使 CI 或者文档托管平台只安装必要的依赖；同时也容易让开发者分清每个依赖的具体作用。

当使用不加任何选项的 poetry add 命令时，该依赖将被添加为发行依赖（在 1.3 以上的 poetry 中，被归为 main 组），即安装包的最终用户，他们也将安装该依赖。但有一些依赖只是开发者需要，比如 MkDocs、Pytest 等，它们不应该被分发到最终用户。

在用 Python Proejct Wizard 开发时，poetry 还只支持一个 dev 分组，这样的粒度当然是不够的，因此，Python Project Wizard 借用了 extras 字段来向项目添加可选依赖分组，其他工具（比如 tox）也支持这样的语法。

现在最新的 poetry 已经完全支持分组模式，并且从文档可以看出，它建议至少使用 main、docs 和 test 三个分组。后续 Python Project Wizard 生成的项目框架，也将完全使用最新的语法，但仍然保留四个分组，即 main、dev、docs 和 test。

通过 poetry 向项目增加分组及依赖，语法是：

```
$ poetry add pytest --group test
```

这样，生成的 pyproject.toml 片段如下：

```
[tool.poetry.group.test.dependencies]
pytest = "*"
```

一般应该将其指定为 optional。目前最新版本的 poetry 仍然不支持通过命令行直接将 group 指定为 optional，需要手动编辑这个文件。

```
[tool.poetry.group.test]
optional = true
```

提示：

注意，通过上述命令生成的 toml 文件的内容可能与 Python Project Wizard 当前版本生成的有所不同。但 Python Project Wizard 的未来版本最终将使用同样的语法。

3. poetry 依赖解析的工作原理

前面简单地介绍了如何使用 poetry 在项目中增加依赖，强调了依赖解析的困难，但没有解释 poetry 是如何进行依赖解析的，它会遇到哪些困难，可能遭遇什么样的失败，以及应该如何排错。对于初学者来说，这往往是配置 poetry 项目时最困难和最耗时间的部分。

现在，在项目中增加一个新的依赖通常使用 poetry add ×××命令。为了一窥 poetry 依赖解析的究竟，这次加上详细信息输出：

```
$ poetry add gino -vvv
```

输出会很长很长，下面简要介绍跟 GINO 相关的解析过程。

首先，poetry 注意到 sample 0.1.0 依赖于 gino（>=1.0.1, < 2.0.0），以及其他一些依赖，生成了第一步的解析结果：

```
1: fact: sample is 0.1.0
1: derived: sample
1: selecting sample (0.1.0)
1: derived: gino (>=1.0.1,<2.0.0)
1: derived: mike (>=1.1.2,<2.0.0)
```

然后，下载 GINO，解析出下面的依赖：

```
1 packages found for gino >=1.0.1,<2.0.0
1: fact: gino (1.0.1) depends on SQLAlchemy (>=1.2.16,<1.4)
1: fact: gino (1.0.1) depends on asyncpg (>=0.18,<1.0)
1: selecting gino (1.0.1)
```

```
1: derived: asyncpg (>=0.18,<1.0)
1: derived: SQLAlchemy (>=1.2.16,<1.4)
```

接着，找到 SQLAlchemy 的 29 个版本：

```
Source (ali): 14 packages found for asyncpg >=0.18,<1.0
Source (ali): 29 packages found for sqlalchemy >=1.2.16,<1.4
```

比较幸运的是，当 poetry 查找 asyncpg 和 SQLAlchemy 的传递依赖时，没有找到更多的传递依赖，解析结束，这样，poetry 就顺利地选择了 29 个版本中最新的一个，即 SQLAlchemy1.3.24。这个版本又有 Linux、Windows 和 macOS 等好几个包，poetry 最终选择跟当前环境中的操作系统版本及 Python 版本一致的包进行安装。

poetry 最终解析出来的依赖树如图 5-2 所示。

```
$ poetry show -t
black 22.12.0 The uncompromising code formatter.
├── click >=8.0.0
│   ├── colorama *
│   └── importlib-metadata *
│       ├── typing-extensions >=3.6.4
│       └── zipp >=0.5
├── mypy-extensions >=0.4.3
├── pathspec >=0.9.0
├── platformdirs >=2
│   └── typing-extensions >=4.4
├── tomli >=1.1.0
├── typed-ast >=1.4.2
└── typing-extensions >=3.10.0.0
gino 1.0.1 GINO Is Not ORM - a Python asyncio ORM on SQLAlchemy core.
├── asyncpg >=0.18,<1.0
└── sqlalchemy >=1.2.16,<1.4
mkdocs 1.2.4 Project documentation with Markdown.
├── click >=3.3
│   ├── colorama *
│   └── importlib-metadata *
│       ├── typing-extensions >=3.6.4
│       └── zipp >=0.5
├── ghp-import >=1.0
│   └── python-dateutil >=2.8.1
│       └── six >=1.5
├── importlib-metadata >=3.10
│   ├── typing-extensions >=3.6.4
│   └── zipp >=0.5
├── jinja2 >=2.10.1
│   └── markupsafe >=2.0
├── markdown >=3.2.1
│   └── importlib-metadata *
│       ├── typing-extensions >=3.6.4
│       └── zipp >=0.5
├── mergedeep >=1.3.4
├── packaging >=20.5
├── pyyaml >=3.10
├── pyyaml-env-tag >=0.1
│   └── pyyaml *
└── watchdog >=2.0
```

图 5-2　解析依赖树

这个依赖树很长，这里只截取了一小部分，但大致上可以帮助我们了解 poetry 的工作原理。我们可以看到 Black 和 MkDocs 都依赖了 Click，但 Black 要求更新到 8.0 以上，而 MkDocs 则只要是 3.3 以上都可以。两者版本要求差距如此之大，也不免让人担心，8.0 的 Click 与 3.3 的 Click 还是同一个 Click 吗？

最终，关于 GINO 和 SQLAlchemy，poetry 安装的分别是 1.0.1 和 1.3.24，但是，上述解析树表明，如果存在 SQLAlchemy 的 1.3.25 版本，它是可以自动升级的。我们许的愿，poetry 帮助实现了。

生成这棵依赖树可能要比想象中困难得多。首先，PyPI 目前还没有给出它上面的某一个 package 的依赖树，这意味着 poetry 要知道 Black 依赖哪些库，必须先把 Black 下载下来，打开并解析才能知道。然后从 Black 中发现更多的依赖，这往往需要把这些依赖也下载下来，依次递归下去。

提示：
类似的系统在其他语言中已经存在了。比如 Java 有 Maven 来保存各个开源库的依赖树。在依赖解析时，它不需要下载整个包，而只需要下载索引就可以进行解析，因此速度会更快。

更为糟糕的是，在这个过程中，某个库的好几个版本可能都需要依次下载下来——因为它们的传递依赖不能兼容。

所以，如果在添加某个依赖时发现 poetry 耗时过长，不要慌张，很多人都有这样的经历。这种情况主要是 poetry 无法快速锁定某个 package 的正确版本，不得不向后一个个版本搜索下载所致。我们能做的就是加快 poetry 下载的速度。

正常情况下，poetry 是从 pypi.org 上下载 package。如果遇到解析速度问题，可以临时添加一个源：

```
poetry source add ali https://mirrors.aliyun.com/pypi/simple --default
```

再次运行 poetry add 命令，会发现解析速度快了很多。

提示：
早期 poetry 的依赖解析可能十多个小时都做不完。这有两方面的原因，一是早期 poetry 的依赖解析还没有启用多线程下载优化；二是在特殊情况下，poetry 需要把某些 package 在 PyPI 上所有的版本全部下载一次，才能得出是否可以加入该依赖的结论。随着 Python 生态的变化，现在这种需要数小时的依赖解析的时代基本结束了。在添加国内源的情况下，慢的时候也往往是不到一刻钟就能完成解析。

现在移除 GINO：

```
$ poetry remove gino
Updating dependencies
Resolving dependencies... (1.2s)
```

```
Writing lock file

Package operations: 0 installs, 0 updates, 3 removals

  • Removing asyncpg (0.27.0)
  • Removing gino (1.0.1)
  • Removing sqlalchemy (1.3.24)
```

可以看出，不仅是 GINO 本身被卸载，它的传递依赖——asyncpg 和 sqlalchemy 也被移除掉了。这是 pip 做不到的。

5.2.3 虚拟运行时

poetry 自己管理着虚拟运行时环境。当执行 poetry install 命令时，poetry 会安装一个基于 venv 的虚拟环境，然后把项目依赖都安装到这个虚拟的运行环境中去。此后，当通过 poetry 来执行其他命令时，比如 poetry pytest，也会在这个虚拟环境中执行。反之，如果直接执行 Pytest，则会报告一些模块无法导入，因为你的工程依赖并没有安装在当前的环境下。

建议在开发过程中使用 conda 来创建集中式管理的运行时。在调试 Python 程序时，都要事先给 IDE 指定解析器，这里使用集中式管理的运行时。poetry 也允许这种做法。当 poetry 检测到当前是运行在虚拟运行时环境下时，不会创建新的虚拟环境。

但是 poetry 创建虚拟环境的功能也是有用的，主要是在测试时通过 virtualenv/venv 创建虚拟环境的速度非常快。

5.2.4 构建发行包

1. 构建标准和工具的变化

在 poetry 1.0 发布之前，打包一个 Python 项目，需要准备 MANIFEST.in、setup.cfg、setup.py、makefile 等文件。这是 PyPA（Python Packaging Authority）的要求，只有遵循这些要求打出来的包，才可以上传到 pypi.org，从而向全世界发布。

但是这一套系统也有不少问题，比如缺少构建时的依赖声明、自动配置、版本管理。因此，PEP 517①被提出，然后基于 PEP 517、PEP 518 等一系列新的标准，Sébastien Eustace 开发了 poetry。

2. 基于 poetry 进行发行包的构建

通过运行 poetry build 来打包，打包的文件约定俗成地放在 dist 目录下。

poetry 支持向 PyPI 进行发布，其命令是 poetry publish。不过，在运行该命令之前，需要对 poetry 进行一些配置，主要是 repo 和 token。

```
# 发布到 TestPyPI
$ poetry config repositories.testpypi https://test.pypi.org/legacy/
$ poetry config testpypi-token.pypi my-token
```

---

① https://peps.python.org/pep-0517/。

```
$ poetry publish -r testpypi

# 发布到 PyPI
$ poetry config pypi-token.pypi my-token
$ poetry publish
```

上面的命令分别对发布到 TestPyPI 和 PyPI 进行了演示。默认情况下，poetry 支持 PyPI 发布，所以有些参数就不需要提供了。当然，一般情况下不应该直接运行 poetry publish 命令来发布版本。版本的发布都应该通过 CI 机制来进行。这样做的好处是可以保证每次发布都经过了完整的测试，并且，构建环境是始终一致的，不会出现因构建环境不一致导致打出来的包有问题的情况。

5.2.5 其他重要的 poetry 命令

前面已经介绍了 poetry add、poetry remove、poetry show、poetry build、poetry publish、poetry version 等命令，下面介绍一些其他重要的 poetry 命令。

1. poetry lock

该命令进行依赖解析，将所有的依赖锁定到最新的兼容版本，并将结果写入到 poetry.lock 文件中。通常，运行 poetry add 时也会生成新的锁定文件。

在对代码执行测试、CI 或者发布之前，务必要确保 poetry.lock 存在，并且这个文件也应该提交到代码仓库中，这样所有的测试、CI 服务器，以及你的合作开发者构建的环境才会是完全一致的。

2. poetry export

在极少数情况下，你可能需要将依赖导出为 requirements：

```
$ poetry export -f requirements.txt --output requirements.txt
```

3. poetry config

可以通过 poetry config --list 来查看当前配置项：

```
cache-dir = "/path/to/cache/directory"
virtualenvs.create = true
virtualenvs.in-project = null
virtualenvs.options.always-copy = true
virtualenvs.options.no-pip = false
virtualenvs.options.no-setuptools = false
virtualenvs.options.system-site-packages = false
virtualenvs.path = "{cache-dir}/virtualenvs"  # /path/to/cache/directory/virtualenvs
virtualenvs.prefer-active-python = false
virtualenvs.prompt = "{project_name}-py{python_version}"
```

这里比较重要的有配置 pypi-token，配置之后，就可以免登录进行项目发布。不过，建议不要对重要项目在本地配置该 token，应该只在 CI/CD 系统中配置该 token，以实现仅从 CI/CD 进行发布。

第 6 章
实现高效的 Python 编码

6.1　AI 赋能的代码编写

传统上，IDE 的重要功能之一就是代码自动完成、语法高亮、文档提示、错误诊断等。随着人类进入深度学习时代，AI 辅助编码则让程序员如虎添翼。

首先介绍几个 AI 辅助编码的工具，再介绍常规的语法高亮、文档提示等功能。

6.1.1　GitHub Copilot

GitHub Copilot 是 GitHub 官方出品的 AI 辅助编码工具。它是基于大规模语料、超大规模的深度学习模型，结合大量的编程经验，为开发者提供代码补全、代码片段联想、代码推荐等功能。Copilot 可以根据用户输入的一行注释，自动生成代码片段甚至整个函数，功能十分强大。

> 提示：
> 2023 年 12 月，微软把其基于 ChatGPT 的人工智能搜索引擎技术也称为 Copilot，它是在使用 bing 搜索引擎时出现的一个对话机器人。GitHub 现在也是微软的资产。

比如，写一句代码注释：

```
# 创建一个有 n 个元素的斐波那契数列
```

然后按〈Enter〉键，Copilot 就会写出下面的代码：

```
def fibonacci(n):
    if n <= 1:
        return n
    else:
        return fibonacci(n-1) + fibonacci(n-2)
```

这个函数还有一个尾递归版本，当然，Copilot 也能提供。一般情况下，Copilot 能提供 10 个以内的备选答案。

再举一个例子，如果有以下注释：

```
# 设置 npm 中国加速镜像
```

会立即得到以下代码：

```
npm install -g cnpm --registry=https://registry.npm.taobao.org
```

再也不用记忆这些奇怪的设置了。

再试一个例子：

```
# 读取 CSV 文件，并返回一个数组对象
def read_csv(filename):
    with open(filename, 'r') as f:
        reader = csv.reader(f)
        return list(reader)

# 将数组对象转换为 JSON 字符串
def to_json(data):
    return json.dumps(data)

# 将 JSON 发送到 GitHub
def send_json(json_data):
    url = 'https://api.github.com/repos/udacity/ud120-projects/issues'
    headers = {
        'Authorization': ''  # 请填写你的 token
    }
    r = requests.post(url, json_data, headers=headers)

def main():
    data = read_csv('foo.csv')
    json_data = to_json(data)
    send_json(json_data)
```

在上述例子中，只写了三行注释，Copilot 自动填充了代码。在 send_json 方法中，Copilot 在 headers 中提示输入 Authorization 字段，并提示在这里要给出 token，这个填充很有意思，因为 GitHub 这个 API 正好是通过 token 认证的。当然，由于信息过少，它给的 URL 几乎肯定是错的，这也在情理之中。

比较有意思的是 main 函数。我只定义了 main()方法的函数头，Copilot 居然自动完成了所有功能的串联，而且符合预期。

如果上面的例子过于简单，你可以写一些注释，请求 Copilot 抓取加密货币价格，通过正则表达式判断邮箱地址是否有效，或者压缩/解压缩文件等。你会发现，Copilot 的能力是非常强大的。

Copilot 的神奇之处，绝不只限于上面的举例。本书编者在实践中确实体验过它的超常能力，比如在单元测试中自动生成数据序列，或者在生成的代码中，它的错误处理方案会比自己写出来的更细腻，等等。但是，演示那样复杂的功能已经超出了一本书可以展现的范围了。

这是一些使用者的感言：

我的一部分工作内容从编写代码转成了策划。我可以观察并修正一些代码，不必亲自动手做每一件事。

我对冗余代码的容忍度变高了。让 AI 去做重复的工作，把代码写得更详细，可以提高可读性。

我更愿意重构代码了。对于那些已经能用但写得不够理想的代码，Copilot 可以灵活地完成重构，比如把复杂函数拆分或对关键部分抽象化。

所以，Don't fly solo（Copilot 广告语），如果有可能，当你在代码的世界里遨游时，还是让 Copilot 来伴飞吧。当然，Copilot 也有其不足，其中最重要的一点，是不能免费使用（学生除外）。不仅如此，目前它只接受信用卡和 PayPal 付款，因此支付也不够方便。

6.1.2　Tabnine

另一个选项是 Tabnine[①]，与 Copilot 一样，它也提供了从自然语言到代码的转换，以及整段函数的生成等功能。一些评论认为，它比 Copilot 多出的一个功能是，它能基于语法规则在一行还未结束时就给出代码提示，而 Copilot 只能在一行结束后给出整段代码，即 Copilot 需要更多的上下文信息。

Tabnine 与 Copilot 的值得一提的区别是它的付费模式。Tabnine 提供了基础版和专业版两个版本，而 Copilot 只能付费使用。Tabnine 专业版还有一个特色，就是可以基于自己的代码训练自己的私有 AI 模型，从而得到更为个性化的代码完成服务。这个功能对于一些大型公司来说，可能是一个很好的选择。它的另一个优势就是，它在训练自己时只使用实行宽松开源许可证模式的代码，因此，你的代码不会因为使用了 Tabnine 生成的代码就必须开源出去。

提示：

说到 AI 辅助编码，不能不提到这一行的先驱——Kite 公司。Kite 公司成立于 2014 年，致力于 AI 辅助编程，于 2021 年 11 月关闭。由于切入市场过早，Kite 的技术路线也相对落后一些，其 AI 辅助功能主要是基于关键词联想代码片段的模式。等到 2020 年 GitHub 的 Copilot 横空出世时，基于大规模语料、超大规模的深度学习模型被证明才是最有希望的技术路线。而此时 Kite 多年以来的投入和技术积累，不仅不再是有效资产，反而成为历史包袱。往新的技术路线上切换的代价往往是巨大的——用户体验也难免会改变，而且新的模型所需要的"钞"能力，Kite 也并不具备。

---

① https://www.tabnine.com/。

2021 年 11 月 16 日，创始人 Adam Smith 发表了一篇告别演说，对 Kite 为什么没有成功进行了反思，指出尽管 Kite 每个月有超过 50 万月活跃用户，但这么多月活跃用户基本不付费，这最终压垮了 Kite。当然，终端用户其实也没有错，毕竟 Copilot 的付费模式运行能够行得通。人们不为 Kite 付费，是因为 Kite 还不够好。

属于 Kite 的时代已经过去了，但正如 Adam Smith 所说，未来是光明的。AI 必将引发一场编程革命。Kite 的试验失败了，但催生这场 AI 试验的所有人：投资人、开发团队及最终用户，他们的勇气和贡献都值得被铭记。

尽管 AI 辅助编程的功能很好用，但仍然有一些场景需要借助传统的工具，比如 Pylance。Pylance 是微软官方出品的扩展。VS Code 本身只是一个通用的 IDE 框架，对具体某个语言的开发支持（编辑、语法高亮、语法检查、调试等），都是由该语言的扩展及语言服务器（对 Python 而言，有 Jedi 和 Pylance 两个实现）来实现的，因此，Pylance 是在 VS Code 中开发 Python 项目时必须安装的一个扩展。

它可以随用户输入时提示函数的签名、文档和进行参数的类型提示，如图 6-1 所示：

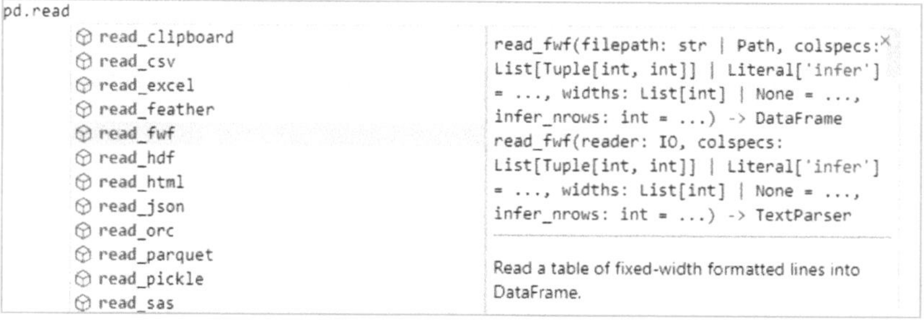

图 6-1 Pylance 的自动提示

如图 6-2 所示，Pylance 在上面提到的代码自动完成之外，还能实现依赖自动导入。此外，由于它脱胎于语法静态检查器，因此它还能提示代码中的错误并显示，这正是到目前为止像 Copilot 这样的人工智能做得不够好的地方。源码级的查错使得可以尽早修正这些错误，这也正是静态语言程序员认为 Python 做不到的地方。

图 6-2 Pylance 的查错功能

Pylance 安装后，需要进行配置。配置文件是 pyrightconfig.json，放置在项目根目录下。

```
{
    "exclude": [
    ".git",
    ".eggs"
    ],
    "ignore": [],
    "reportMissingImports": true,
    "reportMissingTypeStubs": false,
    "pythonVersion": "3.8"
}
```

这些配置项也可以在 **VS Code** 中配置，但为了使开发成员使用一致的配置，建议都采用文件配置，并且使用 Git 来管理。

6.2 Type Hint

很多人谈到 Python 时，会觉得它作为一种动态语言，是没有类型检查能力的。这种说法并不准确，Python 是弱类型语言，变量可以改变类型，但在运行时，仍然会有类型检查，若类型检查失败，就会抛出 TypeError。

下面的例子演示了 Python 中变量是如何改变类型的，以及类型检查只在运行时进行的这一特点。

```
>>> one = 1
... if False:
...     one + "two" # 这一行不会执行，所以不会抛出 TypeError
... else:
...     one + 2
...
3

>>> one + "two"      # 运行到此处时，将进行类型检查，抛出 TypeError
TypeError: unsupported operand type(s) for +: 'int' and 'str'
... one = "one "     # 变量可以通过赋值改变类型
... one + "two"      # 现在类型检查没有问题
one two
```

但 Python 曾经确实缺少静态类型检查的能力，这是 Python 一直以来为人诟病的地方，但这正在成为历史。

类型注解从 Python 3.0（2006 年，PEP 3107，当时还叫 Function Annotations）时被引入，但它的用法和语义并没有得到清晰定义，也没有引起广泛关注和运用。数年之后，PEP 484（Type Hints Including Generics）被提出，定义了如何给 Python 代码加上类型提示，这样，Type Annotation 就成为实现 Type Hint 的主要手段。因此，当今 Type Annotation 和 Type

Hint 两者基本上是同一含义。

PEP 484 是类型检查的奠基石，但是，仍然有一些问题没有得到解决，比如如何对变量进行类型注解？比如下面的语法在当时还是不支持的：

```
class Node:
        left: str
```

2016 年 8 月，PEP 526（Syntax for Variable Annotations）提出，从此，像上文中的注解也是允许的了。

提示：

PEP 526 从被提出到被接受为正式标准用了不到 1 月的时间，可能是最快被接受的 PEP 之一了。

PEP 563（Postponed Evaluation of Annotations）解决了循环引用的问题。在这个提案之后，我们可以这样写代码：

```
from typing import Optional

class Node:
    #left: Optional[Node]  # 这会引起循环引用
    left:   Optional["Node"]
    right:  Optional["Node"]
```

注意到在类型 Node 还没有完成其定义时就要使用它（即要使用 Node 来定义自己的一个成员变量的类型），这将引起循环引用。PEP 563 的语法通过在注释中使用字符串而不是类型本身解决了这个问题。

在这几个重要的 PEP 之后，随着 Python 3.7 的正式发布，社区也开始围绕 Type Hint 去构建一套生态体系，一些非常流行的 Python 库开始补齐类型注解。在类型检查工具方面，除了最早的 mypy 之外，一些大公司也跟进开发，比如微软推出了 pyright（现在是 Pylance 的核心）来给 VS Code 提供类型检查功能。Google 推出了 pytype，Facebook 则推出了 pyre。在类型注解的基础上，代码自动完成的功能也因此变得更容易、准确，推断速度也更快了。代码重构也因此变得更加容易。

类型检查功能将对 Python 的未来发展起到深远的影响，可能足够与 TypeScript 对 JS 的影响类比。围绕类型检查，除了上面提到的几个最重要的 PEP 之外，还有 PEP 483、PEP 544、PEP 591 以及 PEP 561 等 18 个 PEP。此外，还有 PEP 692 等 5 个 PEP 目前还未被正式接受。

1）PEP 483（解释了 Python 中类型系统的设计原理，非常值得一读）。

2）PEP 544（定义了对结构类型系统的支持）。

3）PEP 591（提出了 final 限定符）。

Python 的类型检查可能最早是由 Jukka Lehtosalo 推动的，Guido、Łukasz Langa 和 Ivan Levkivskyi 也是最重要的几个贡献者之一。Jukka Lehtosalo 出生和成长于芬兰，当他在剑桥大学计算机攻读博士时，在他的博士论文中，他提出了一种名为"类型注解"（Type Annotation）的语法，从而一统静态语言和动态语言。最初的实验是在一种名为 Alore 的语言上实现的，然后移植到 Python 上，开发了 mypy 的最初几个版本。不过很快，他的工作重心就完全转移到 Python 上来，毕竟，Python 庞大的用户群和开源库才能提供丰富的案例以供实践。

2013 年，在圣克拉拉举行的 PyCon 会议上，他公布了这个项目，并且得到了与 Guido 交谈的机会。Guido 说服他放弃之前的自定义语法，完全遵循 Python 3 的语法（即 PEP 3107 提出的函数注解）。随后，他与 Guido 进行了大量的邮件讨论，并提出了通过注释来对变量进行注解的方案（不过，后来的 PEP 526 提出了更好的方案）。

在 Jukka Lehtosalo 从剑桥毕业后，受 Guido 邀请，加入了 Dropbox，领导了 mypy 的开发工作。

在有了类型注解之后，现在应该这样定义一个函数：

```python
def foo(name: str) -> int:
    score = 20
    return score


foo(10)
```

foo 函数要求传入字符串，但在调用时错误地传入了一个整数。这在运行时并不会出错，但 Pylance 将会发现这个错误，并且给出警告，当把鼠标移动到出错位置时，就会出现如图 6-3 所示的类型错误提示。

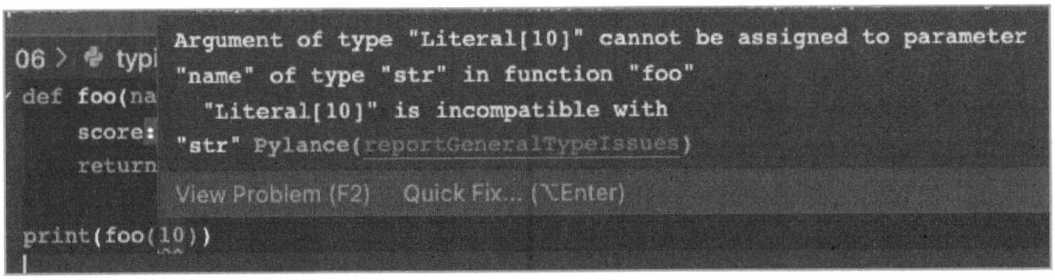

图 6-3　类型错误提示

下面简要地介绍一下 Type Hint 的一些常见用法：

```python
# 声明变量的类型
age: int = 1

# 声明变量类型时，并非一定要初始化它
child: bool

# 如果一个变量可以是任何类型，也最好声明它为 Any。"Python 之禅"：Explicit is better than implicit
dummy: Any = 1
dummy = "hello"
```

```python
# 如果一个变量可以是多种类型，可以使用 Union
dx: Union[int, str]
# 从 python 3.10 起，也可以使用下面的语法
dx: int | str

# 如果一个变量可以为 None，可以使用 Optional
dy: Optional[int]

# 对 Python builtin 类型，可以直接使用类型的名字，比如 int、float、bool、str、bytes 等
x: int = 1
y: float = 1.0
z: bytes = b"test"

# 对 collections 类型，如果是 Python 3.9 以上类型，仍然直接使用其名字
h: list[int] = [1]
i: dict[str, int] = {"a": 1}
j: tuple[int, str] = (1, "a")
k: set[int] = {1}

# 注意上面的 list[]、dict[]这样的表达方式。如果使用 list()，则这将变成一个函数调用，而不是类型声明

# 但如果是 Python 3.8 及以下版本，需要使用 typing 模块中的类型
from typing import List, Set, Dict, Tuple
h: List[int] = [1]
i: Dict[str, int] = {"a": 1}
j: Tuple[int, str] = (1, "a")
k: Set[int] = {1}

# 如果要写一些 decorator，或者是公共库的作者，则可能会常用到下面这些类型
from typing import Callable, Generator, Coroutine, Awaitable, AsyncIterable, AsyncIterator

def foo(x:int)->str:
    return str(x)

# Callable 语法中，第一个参数为函数的参数类型，因此它是一个列表，第二个参数为函数的返回值类型
f: Callable[[int], str] = foo

def bar() -> Generator[int, None, str]:
    res = yield
    while res:
        res = yield round(res)
    return 'OK'

g: Generator[int, None, str] = bar

# 也可以将上述函数返回值仅仅声明为 Iterator
def bar() -> Iterator[str]:
    res = yield
    while res:
        res = yield round(res)
    return 'OK'
```

```python
def op() -> Awaitable[str]:
    if cond:
        return spam(42)
    else:
        return asyncio.Future(...)

h: Awaitable[str] = op()

# 上述针对变量的类型定义，也可以用在函数的参数及返回值类型声明上
def stringify(num: int) -> str:
    return str(num)

# 如果函数没有返回值，请声明为返回 None
def show(value: str) -> None:
    print(value)

# 可以给原有类型起一个别名
Url = str
def retry(url: Url, retry_count: int) ->None:
    pass
```

此外，Type Hint 还支持一些高级用法，比如 TypeVar、Generics、Covariance 和 Contravariance 等，这些概念在 PEP 484[①]中有定义，另外，PEP 483[②]和 understanding typing[③] 可以帮助读者更好地理解类型提示，建议感兴趣的读者深入研读。

如果你的代码做好了 Type Hint，那么 IDE 基本上能够提供和强类型语言类似的重构能力。需要强调的是，在重构之前，应该先进行单元测试、代码 lint 和 format，在没有错误之后再进行重构。如此一来，如果重构之后单元测试仍然能够通过，则基本表明重构是成功的。

6.3 PEP 8：Python 代码风格指南

PEP 8 是 2001 年由 Guido 等人拟定的关于 Python 代码风格的一份提案。PEP 8 的目的是提高 Python 代码的可读性，使得 Python 代码在不同的开发者之间保持一致的风格。PEP 8 的内容包括：代码布局、命名规范、代码注释、编码规范等。PEP 8 的内容非常多，在实践中不需要专门去记忆它的规则，只要用对正确的代码格式化工具，最终呈现的代码就一定是符合 PEP 8 标准的。本章后文将会介绍工具 Black，因此，在此处不过多着墨。

6.4 lint 工具

lint 工具用于对代码进行逻辑检查和风格检查。逻辑检查是指检查逻辑方面的问题，如使用

---

① https://peps.python.org/pep-0484。

② https://peps.python.org/pep-0483。

③ https://github.com/microsoft/pyright/blob/main/docs/type-concepts.md。

了未定义的变量，定义的变量未使用，没有按 Type Hint 的约定传入参数等；风格检查是指检查风格方面的问题，如变量命名风格、空白符和空行符的使用等。Pylance 也提供了 lint 工具的一些功能，但是，还需要一个能够在命令行下单独运行的综合性工具，以便实现自动化。

Python 社区有很多 lint 工具，比如 Plint、pyflakes、pycodestyle、bandit、mypy 等。此外，还有将这些工具组合起来使用的工具，如 Flake8 和 Pylama。

在选择 lint 工具时，重要的指标是报告错误的完全度和速度。过于完备的错误报告有时候也不见得就是最好的，有时候会使得运行速度降低，也会把你的大量精力牵涉到无意义的排查中——纯粹基于静态分析的查错，有时也不可避免会出现错误。

6.4.1 Flake8

PPW 选择了 Flake8 和 mypy 作为 lint 工具。Flake8 实际上是一组 lint 工具的组合，它由 pycodestyle、pyflakes、mccabe 组成。

1. pycodestyle

pycodestyle 用来检查代码风格（空格、缩进、换行、变量名、字符串单双引号等）是否符合 PEP 8 标准。

2. pyflakes

pyflakes 用来检查语法错误，比如，定义但未使用的局部变量，变量重定义错误，未使用的导入，格式化错误等。人们通常拿它与 pylint 相对照。pyflakes 与 pylint 相比，所能发现的语法错误会少一些，但误报率更低，速度也更快。在有充分单元测试的情况下，更推荐初学者使用 pyflakes。

下面是一个 pylint 报告错误而 pyflakes 不报告错误的例子：

```
def add(x, y):
    print(x + y)


value: None = add(10, 10)
```

显然，代码作者忘了给 add 函数加上返回语句，因此，将 value 赋值为 add(10, 10)的结果是 None。pylint 会报告错误，但是 pyflakes 不会。

但是 pylint 存在一定的误报率，上面的代码交给 pylint 来进行语法检查，其结果是：

```
xxxx:1:0: C0114: Missing module docstring (missing-module-docstring)
xxxx:1:0: C0116: Missing function or method docstring (missing-function-docstring)
xxxx:1:8: C0103: Argument name "x" doesn't conform to snake_case naming style (invalid-
name)
xxxx:1:11: C0103: Argument name "y" doesn't conform to snake_case naming style (invalid-
name)
xxxx:5:0: E1111: Assigning result of a function call, where the function has no return
(assignment-from-no-return)
xxxx:5:0: C0103: Constant name "value" doesn't conform to UPPER_CASE naming style
(invalid-name)
```

这里第 1、2 和 5 行的报告都是正确的。但第 3 行和第 4 行的报告很难说正确，为了代码的简洁性，使用单个字母作为局部变量是很常见的事。PEP 8 规范也只要求不得使用 "l"（字母 L 的小写）、"O"（字母 o 的大写，很难与数字 0 区分）、"I"（字母 i 的大写）。

而最后一行的报告则显然是错误的，这里函数 add 没有返回值的错误导致 pylint 误以为 value 是一个常量，而不是一个变量。事实上，当修复了 add 函数没有返回值的错误后，pylint 就不会报告这个错误了。

这是为什么推荐初学者使用 pyflakes 而不是 pylint 的原因。初学者很容易淹没在 pylint 抛出的一大堆夹杂着误报的错误报告中，茫然而不知所措。另外，对还未养成良好编程习惯的初学者，pylint 过于严格的错误检查可能会使他们感到沮丧。比如，上面关于缺少文档的错误报告，尽管是正确的，但对初学者来说，这些标准会使得学习曲线变得过于陡峭，从而导致学习的热情降低。

3. mccabe

mccabe 用来检查代码的复杂度，它把代码按控制流处理成一张图，从而代码的复杂度 M 可以用下面的公式来计算：

$$M = E - N + P$$

其中，E 是路径数，N 是节点数，P 则是决策数。

以下面的代码为例：

```
if (c1())
    f1();
else
    f2();

if (c2())
    f3();
else
    f4();
```

对应的控制流图可以绘制成为如图 6-4 所示：

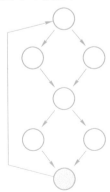

图 6-4　控制流图示例

上述控制流图中，有 9 条边、7 个结点、1 个连接，因此它的复杂度为 3。

mccabe 的名字来源于 Thomas J. McCabe，他于 1976 年在 IEEE 上发表了 *A Complexity Measure* 这篇论文。这篇文章被其他学术论文引用超过 8000 次，被认为是软件工业领域最重要和最有影响力的论文之一，影响了一代人。33 年之后，Thomas J. McCabe 于 2009 年被 ACM 授予最有影响力论文奖。这个奖一年只授予一次，只有授奖当年 11 年之前的论文才有资格入选，迄今也只颁发了 15 届，约 40 人拿到了这个奖项。

Thomas J. McCabe 提出，如果这个复杂度在 10 以下，该段代码就只是一段简单的过程，风险较低；11～20 为中等风险复杂度；21～50 属于高风险高复杂度；如果大于 50，则该段代码是不可测试的，具有非常大的风险。

4．Flake8 的配置

配置 Flake8，可以在根目录下放置 .flake8 文件。尽管可以把配置整合到 pyproject.toml 文件中，多数情况下，我们都推荐使用单独的配置文件，以减少 pyproject.toml 的复杂度。后面将提到的其他工具的配置文件也是一样。

.flake8 是一个 .ini 格式的文件，以下是一个示例：

```
[flake8]
# 以下设置为兼容 Black，详见 https://github.com/psf/black/blob/master/.flake8
max-line-length = 88
max-complexity = 18
ignore = E203, E266, E501, W503, F403, F401
select = B,C,E,F,W,T4,B9
docstring-convention=google
per-file-ignores =
    __init__.py:F401
exclude =
    .git,
    __pycache__,
    setup.py,
    build,
    dist,
    releases,
    .venv,
    .tox,
    .mypy_cache,
    .pytest_cache,
    .vscode,
    .github,
    docs/conf.py,
    tests
```

我们排除了对 test 文件进行 lint，这也是 Flake8 开发者的建议，尽管代码可读性十分重要，但是我们不应该在检查代码的风格上花太多宝贵时间。上述示例的前几行配置，是为了与 Black 兼容。如果不这样配置，那么经 Black 格式化的文件，Flake8 总会报错，而这种报错并无任何意义。

6.4.2 mypy

Flake8 承担了代码风格、部分语法错误和代码复杂度检查的工作。但是，它没有处理类型检查方面的错误，这项工作只能留给 mypy 来完成。

PPW 中已经集成了 mypy 模块，并会在 tox 运行时自动进行类型检查。看上去，只要我们按照 PEP 484 及几个关联的 PEP 来做好类型注解，然后简单地运行 mypy，似乎就可以万事大吉？然而，事实上，mypy 在运行检查时，常常会遇到第三方库还不支持类型注解的情况，或者因为配置错误，导致 mypy 得不到预期的结果。遇到这些问题时，就需要我们理解 mypy 的工作原理，并且对 mypy 进行一些配置，以便让它能够更好地工作。

提示：

为什么 PPW 选择了 mypy？如果你使用 VS Code 编程，那么很可能已经使用了 pyright 作为类型检查器。因为 Pylance 给出的类型检查错误都来自于 pyright。那么，PPW 为什么还要推荐另一个类型检查器呢？

这是因为 pyright 并不是一个纯粹的 Python 解决方案。要安装 pyright，还必须安装 node。在开发环境下，一般只需要安装一次，而且 VS Code 可以帮我们完成安装。但在由 tox 驱动的矩阵测试环境中，任何非纯 Python 的解决方案都可能带来额外的复杂性。

首先从 Any 这个特殊的类型说起。Any 类型用来表明某个变量/值具有动态类型。在代码中，如果存在过多的 Any 类型，将降低 mypy 检查代码的有效性。

难点在于，Any 类型的指定并不一定来源于代码中的显式声明（这一部分可以自行修改，只在非常必要时才小心使用 Any）。在 mypy 中，它还会自动获得和传播。mypy 的规则是，在函数体内的局部变量，如果没有被显式地声明为某种类型，无论是否被赋初值，mypy 都会将其推导为 Any。而在函数体外的变量，mypy 则会依据其初值将其推导为某种类型。mypy 这样处理可能是因为它无法在检查时真正运行这个函数。

下面看函数体中的变量自动获得 Any 类型的例子：

```
def bar(name):
    x = 1
    # reveal_type 是 mypy 的一个调试方法，用以揭示某个变量的类型。它仅在 mypy 检查时才会有定义，并会打印
    # 出变量类型。你需要在调试完成后手动移除这些代码，否则会引起 Python 报告 NameError 错误
    reveal_type(x)
    x.foo()
    return name
```

将上述代码保存为 test.py，然后通过 mypy 运行检查，会得到以下输出：

```
test.py:12: note: Revealed type is "Any"
```

除此之外，并没有其他错误。在上述代码中，尽管 x 被赋值为整数 1，但它的类型仍然被 mypy 推导为 Any，因此，在 x 上调用任何方法不会引起 mypy 的错误提示。

下面的例子揭示了对于函数体外的变量，mypy 是如何推导其类型的：

```
from typing import Any
s = 1                    # 静态类型（整型）
reveal_type(s)           # 输出：显示类型为 builtins.int
d: Any = 1               # 动态类型（类型为 Any）
reveal_type(d)           # output: Revealed type is "Any"

s = 'x'                  # 此处会抛出类型检查错误
d = 'x'                  # 此处不会抛出类型检查错误
```

其他获得 Any 类型的情况还包括导入错误。当 mypy 遇到 import 语句时，它将首先尝试在文件系统中定位该模块或者其类型桩（Type Stub）文件。然后，mypy 对导入的模块进行类型检查。但是，可能存在导入库不存在（比如名字错误、没有安装到 mypy 运行的环境中），或者该库没有类型注解信息等情况，此时 mypy 会将导入的模块的类型推导为 Any。

提示：

在第 4 章中生成的样板工程中，在 sample\sample 目录下存在一个名为 py.typed 的空文件。这个文件会在 poetry 打包过程中被复制到打包后的包中。这个文件的作用是告诉类型检查器（Type Checker），这个包中的模块都是具有类型注解的，可以进行类型检查。如果你的包中没有这个文件，那么类型检查器将不会对包进行类型检查。

py.typed 并不是 mypy 特有的，而是 PEP 561 的规定。所有类型检查器都应该遵循这个规定。

需要注意的是，mypy 寻找导入库的方式与 Python 寻找导入库的方式并不完全相同。首先，mypy 有自己的搜索路径。这是根据以下条目计算得出的：

1）MYPYPATH 环境变量（目录列表，在 UNIX 系统上以冒号分隔，在 Windows 上以分号分隔）。

2）配置文件中的 mypy_path 配置项。

3）命令行中给出的源目录。

4）标记为类型检查安全的已安装包（请见 PEP 561）。

5）typeshed repo 的相关目录。

其次，除了常规的 Python 文件和包之外，mypy 还会搜索存根文件。搜索模块的规则 foo 如下：

1）查找搜索路径（见上文）中的每个目录，直到找到匹配项。

2）如果找到名为 foo 的包（即 foo 包含__init__.py 或__init__.pyi 文件的目录），则匹配。

3）如果找到名为 foo.pyi 的存根文件，则匹配。

4）如果找到名为 foo.py 的 Python 模块，则匹配。

规则比较复杂，不过，一般情况下只需要大致了解即可，在遇到问题时可以通过查阅 mypy 的文档中关于如何找到导入库的内容[①]来解决。总之，我们需要了解，如果某个导入库在上面的搜索之后仍不能找到，mypy 就会将该模块的类型推导为 Any。

除了上述获得 Any 的情况外，mypy 还会自动将 Any 类型传播到其他变量上。比如，如果一个变量的类型是 Any，那么它的任何属性的类型也都是 Any，并且任何对类型为 Any 的调用也将获得 Any 类型。请看下面的例子：

```
def f(x: Any) -> None:
    # x具有 Any 类型，foo 是 x 的一个属性，所以 x.foo 的类型也是 Any 类型
    # 既然 x.foo 的类型是 Any，那么对 x.foo 的调用，也将导致 mypy 将 y 的类型推导为 Any
    y = x.foo()
    y.bar()        # 因此，mypy 会认为这个调用是合法的
```

从 PEP 484 开始建构 Python 的类型提示大厦，直到 PEP 563 基本完成大厦的封顶之时，仍有大量的第三方库还不支持类型注解。针对这个现实，Python 的类型注解是渐进式的（见 PEP 483），任何类型检查器都必须面对这个现实，并给出解决方案。

mypy 提供了大量的配置项来解决这个问题。这些配置项既可以通过命令行参数传入，也可以通过配置文件传入。

默认地，mypy 使用工程目录下的 mypy.ini 作为其配置文件；如果这个文件找不到，则会依次寻找.mypy.ini（注意前面多一个"."）、pyproject.toml、setup.cfg、$XDG_CONFIG_HOME/mypy/config、~/.config/mypy/config、~/.mypy.ini。

一个典型的 mypy 配置文件包括全局配置和针对特定模块、库的设置，示例如下：

```
[mypy]
warn_redundant_casts = true
warn_unused_ignores = true
warn_unused_configs = true


disallow_any_unimported = true
ignore_missing_imports = false


# 禁止未注解的函数或者注解不完全的函数
disallow_untyped_defs = true
# 当 disallow_untyped_defs 为真时，下面的配置无意义
#disallow_incomplete_defs = true
disallow_untyped_calls = true
disallow_untyped_decorators = true
# 不允许使用 x: List[Any] 或者 x: List
disallow_any_generics = true
```

① https://mypy.readthedocs.io/en/latest/running_mypy.html#finding-imports。

```
# 显示错误代码
show_error_codes = true

# 如果函数返回值声明中不为 Any 类型，但实际返回 Any 类型，则发出警告
warn_return_any = true


[mypy-fire]
# cli.py 中引入了 python-fire 库，但它没有 py.typed 文件，这里要对该库单独设置允许导入缺失
ignore_missing_imports = true
```

示例中给出的配置项目是较为重要的并且与默认值不同的。关于 mypy 所有配置项目及其含义可以参考官方文档①。这些配置项，既可以通过配置文件设置，也可以通过命令行方式直接传递给 mypy。当然，使用命令行方式传递时，这些配置将在全局范围内发生作用。

下面就对示例中的一些配置项适当展开。

1. disallow-untyped-defs

默认情况下，mypy 的类型检查相当宽松，以便兼容一些陈旧的项目。如果想要更严格的类型检查，可以将 disallow_untyped_defs 设置为 true。我们可以来测试一下：

```
def bar(name):
    return name
```

函数 bar 没有加任何类型注解，显然，应该无法通过 mypy 的类型检查。但如果在命令行下执行：

```
$ mypy test.py
```

则 mypy 不会给出任何错误提示。如果加上--disallow-untyped-defs 参数：

```
$ mypy --disallow-untyped-defs test.py
```

会提示以下错误：

```
test.py:7: error: Function is missing a type annotation  [no-untyped-def]
```

如果是通过配置文件来设置 disallow_untyped_defs，像这种布尔量分别设置为 true 或 false 即可。通过命令行传入的参数一定是全局生效，而通过配置文件时可以在更细致的粒度上进行配置。

2. allow-incomplete-defs

在上面的配置中还存在一个名为 allow-incomplete-defs 的选项，它针对的是函数参数只完成了部分注解的情况。有时候需要允许这种情况发生，此时需要 mypy 仅针对个别场合进行以下配置：

---

① https://mypy.readthedocs.io/en/stable/config_file.html。

```
[mypy-special_module]
disallow_untyped_defs = false
allow_incomplete_defs = true
```

3．check-untyped-defs

在下面的代码中，把字符串与一个整数相加。这显然并不合理。

```
def bar()->None:
    not_very_wise = "1" + 1
```

如果存在全局设置 disallow_untyped_defs = True，mypy 将报告以下错误：

```
error: Unsupported operand types for + ("str" and "int")  [operator]
```

但在例外情况下，也可以退而求其次，通过设置 check_untyped_defs = True 检查出上述问题。

4．disallow-any-unimported 和 ignore-missing-imports

在前面介绍过，如果 mypy 无法追踪一个导入库，就会将该模块的类型推断为 Any，从而进一步传播到代码里，使得更多的类型检查无法进行。如果想要禁止这种情况，可以将 disallow_any_unimported 设置为 true。该参数的默认值是 false。

一般地，应该在全局范围内将 disallow_any_unimported 设置为 true，然后针对 mypy 报告出来的无法处理导入的错误逐个解决。在 PPW 生成的项目中，如果选择 Fire 作为命令行工具，则会遇到以下错误：

```
error: Skipping analyzing 'fire': found module but no type hints or library stubs  [import]
```

一般情况下，如果是知名的第三方库，往往在 typeshed 上注册过类型存根文件，类型检查器（比如 mypy）应该能自动找到。如果是不知名的第三方库，可以升级库，看最新版本是否支持，或者在 PyPI 上搜索它的存根库。比如，对于 Fire，如果 PyPI 上存在它的存根库，则它的名字一定是 types-fire，于是可以这样纠正上述问题：

```
$ pip install types-fire
```

截止本书定稿时，Fire 的开发者并没有上传存根文件。在这种情况下，还可以自己写一个 fire.pyi 文件，然后将它放到项目的根目录下。关于如何写.pyi 文件，请读者自行探索。

但如果既找不到合适的存根库，也没时间来写.pyi 文件，那么，可以将 ignore_missing_imports 设置为 true，这样 mypy 就不会报错了。请参考上面的配置文件中的第 6 行，不过，应该尽力避免使用这个选项。

5．implicit_optional

如果有以下的代码：

```
def foo(arg: str = None) -> None:
```

```
reveal_type(arg)  # Revealed type is "Union[builtins.str, None]"
```

通过 reveal_type 得知，mypy 将 arg 的类型推导为 Optional[str]。这个推导本身没有错，但是，考虑到"Python 之禅"的要求，应该将 arg 的类型声明为 arg: Optional[str]。从 0.980 起，mypy 默认将 implicit_optional 设置为 Flase（即禁止这样使用），因此，这个选项也没有出现在示例中。

6. warn_return_any

一般情况下，不应该让函数返回类型为 Any（如果真有类型不确定的情况，应该使用泛型）。因此，mypy 应该检查这种情况并报告为错误。但是，mypy 的默认配置并不会禁止这种行为，需要自行修改。

为了便于理解，给出以下错误代码：

```
from typing import Any

def baz() -> str:
    return something_that_returns_any()

def something_that_returns_any() -> Any:
    ...
```

当 warn_return_any = True 时，mypy 将针对上述代码报告如下：

```
error: Returning Any from function declared to return "str"  [no-any-return]
```

7. show_errors_codes 和 warn_unused_ignores

当使用了 type ignore 时，一般仍然希望 mypy 能够报告出错误消息（但不会使类型检查失败）。这可以通过设置 show_errors_codes = True 来实现显示错误代码。这对于理解错误原因很有帮助。

随着代码的不断演进，有时候 type ignore 会变得不再必要。比如，依赖的某个第三方库，随着新版本的发布补全了类型注解。这种情况下，针对它的 type ignore 就不再是必要的。及时清理这些陈旧的设置是一种良好习惯。

8. inline comment

还可以通过在代码中添加注释来控制 mypy 的行为。比如，可以通过在代码中添加 # type: ignore 来忽略 mypy 的检查。如果该注释添加在文件的第一行，那么它将会忽略整个文件的检查。如果添加在某一行的末尾，那么它将会忽略该行的检查。

一般更倾向于指定忽略某个具体的错误，而不是忽略整行检查。其语法是#type: ignore[<error-code>]。

6.5 Formatter 工具

Formatter 工具也有很多种，但是几乎没有去考察其他的 Formatter，就选择了 Black，只因为它的 Logo（如图 6-5 所示）。

与其他 Formatter 工具提供了体贴入微的自定义配置不同，Black 坚持不允许做任何自定义（几乎）。

图 6-5　Black（不妥协的格式化工具）

当然，Black 还是开了一个小窗口，允许定义代码行的换行长度，Black 的推荐是 88 字符。有的团队会把这个更改为 120 字符宽。

在 PPW 生成的项目中，把 Black 的设置放在 pyproject.toml 中：

```
[tool.black]
line-length = 88
include = '\.pyi?$'
```

另一个值得一提的工具是 isort。它的作用是对代码中的 import 语句进行格式化，包括排序，将一行里的多个导入拆分成每行一个导入；始终把导入语句置于正式代码之前等。对于 PPW 生成的项目，这个工具也开箱即用的：

```
[tool.isort]
profile = "black"
```

这里的配置是防止 isort 与 Black 相冲突。实际上，Flake8、Black 和 isort 的配置都需要精心同步才能避免冲突。一旦发生冲突，就会出现这样的情况：被 A 工具改过的代码，又被 B 工具改回去，始终无法收敛。

比较遗憾的是，在 VS Code 下没有一个好的工具可以自动移除没有使用的导入。PyCharm 是可以做到这一点的。开源的工具中有可以做到这一点的，但是因为容易出错，这里就不推荐了。

在 VS Code 中，lint 工具可以检查出未使用的导入，然后需要手动移除。移除未使用的 import 是必要的，它可以适当加快程序启动速度，降低内存占用，并且避免导入带来的副作用。

提示：

导入不熟悉的第三方库可能是危险的。一些库会在全局作用域加入一些可执行代码，因此当导入这些库时，这些代码就会被执行。

6.6 pre-commit hooks

pre-commit 是一个 Python 包，可以通过 pip 安装：

```
$ pip install pre-commit
```

pre-commit 安装后，会在项目目录下创建一个 .git/hooks 目录，里面有一个 pre-commit 文件。这个文件是一个 shell 脚本文件，它会在执行 git commit 命令时被调用。pre-commit hooks[1]的作用是在提交代码之前对代码进行检查，如果有错误，就会阻止代码提交，从而保证代码库不被这些错误的、不合规范的代码"污染"。

如果使用向导生成项目的话，向导会自动安装 pre-commit hooks，当运行 git commit 命令时，就会看到如图 6-6 所示的输出。

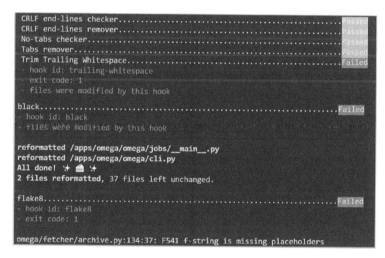

图 6-6   pre-commit 的代码检查

可以看出，pre-commit hooks 对换行符进行了检查和修复，调用 Black 进行了格式化，以及调用 Flake8 进行了查错，并报告对 f-string 的错误使用。

当出现错误时，必须先进行修复，才能进行再次提交。

在 PPW 生成的项目中已经集成了以下这些配置：

```
repos:
-   repo: https://github.com/Lucas-C/pre-commit-hooks
    rev: v1.1.13
    hooks:
    -   id: forbid-crlf
```

---

① https://pre-commit.com。

```yaml
    - id: remove-crlf
    - id: forbid-tabs
        exclude_types: [csv]
    - id: remove-tabs
        exclude_types: [csv]
- repo: https://github.com/pre-commit/pre-commit-hooks
  rev: v4.1.0
  hooks:
  -id: trailing-whitespace
  -id: check-merge-conflict
  -id: check-yaml
      args: [--unsafe]
  -id: end-of-file-fixer
- repo: https://github.com/pre-commit/mirrors-isort
  rev: v5.10.1
  hooks:
  -id: isort
- repo: https://github.com/ambv/black
  rev: 22.3.0
  hooks:
  -id: black
      language_version: python3.8
- repo: https://github.com/pycqa/flake8
  rev: 3.9.2
  hooks:
  - id: flake8
      additional_dependencies: [flake8-typing-imports==1.10.0]
      exclude: ^tests
- repo: local
  hooks:
  - id: mypy
      name: mypy
      entry: mypy
      exclude: ^tests
      language: python
      types: [python]
      require_serial: true
      verbose: true
```

　　第一组是 pre-commit 提供的开箱即用的钩子。首先，它禁止使用 Windows 的换行符，并且将 Windows 的换行符都替换为 UNIX/Linux 下的换行符。这么做的原因是，如果文件使用 UNIX/Linux 下的换行符，这些文件基本上都能被 Windows 下的编辑软件正确处理；反之则不然。比如，如果一个 bash 或者 perl 脚本使用了 Windows 换行符，那么，它将不能在 UNIX/Linux 下运行。

其次，它禁止在文件中使用 Tab 符，并且将 Tab 符替换为空格符。从语法上看，只要不混合使用 Tab 符和空格符，这两种方式都是可以的。但是，不同的编辑器（特别是在 UNIX/Linux 下）在对文件进行视觉呈现时，会将 Tab 符展开成不同的宽度，这使得同一份文件在不同的编辑器里看上去并不一致，而如果使用空格符，则不会有这个问题。此外，只使用空格符还有另外一个好处，就是赚钱更多：根据 Stack Overflow 对 2.8 万名专业开发者（排除了学生）的调查，使用空格符的开发者的薪资总体上要比使用 Tab 符的开发高 8.6%。这项报告发表在 Stack Overflow 2017 年 6 月 5 日的博客[①]中。

需要注意的是，并非所有的文件中的 Tab 符都需要被替换。典型的例子是在 CSV 文件中，可能使用 Tab 符作为字段之间的分隔符，因此它们必须被保留。因此在上述配置中将 CSV 文件排除在外。

第二组仍然是 pre-commit 提供的开箱即用的钩子。它首先移除了行尾的多余空格（关于为什么要移除行尾多余的空格，在 PEP 8 中有简要的说明），然后检查是否存在未完成合并的代码文件，检查 YAML 文件是否合乎规范。

注意到这里有一个 end-of-file-fixer 钩子，这个钩子的作用是在文件末尾添加一个仅含换行符的空行。相信很少有人真正理解它的含义。实际上，相关的问题在 Quora 和 Stack Overflow 上有很多提问，答案也莫衷一是。

其中一个说法是，POSIX 标准中，对一行文本的定义就是零个或多个非换行符加上终止换行符的序列。因此，如果一行文本不以换行符结尾，它就可能被各种工具当成二进制文件。但这并不能解释为什么需要在文件末尾添加一个空行。

本书编者更倾向于这种观点：这主要是为了照顾使用 UNIX 和 Linux 的人。如果你用 vi 打开一个文件，想在后面添加一些新的内容，如果该文件以一个空行结尾，那么使用〈Ctrl+G〉组合键就可以直接跳转到文件结尾，立即开始工作，否则只能跳到最后一行的开头。

另外一个原因是，如果你想使用 cat 命令拼接几个文件，如果文件都不是以空行（带换行符）结尾，那么前一个文件的最后一行将会与后一个文件的第一行混合在一起，而不是像期待的那样，各占一行。

在文件末尾加上一个空行并不是什么重要的功能，只是 UNIX/Linux 生态圈里几乎所有的工具都是这么运作的。我们尊重这个习惯就好。

接下来都是在 pre-commit 中调用第三方工具实现相关功能的配置，包括 isort、black、flake8 和 mypy 配置。

mypy 的配置有点与众不同。它没有使用远程的 repo，而是使用了 local。mypy 官方

---

① https://stackoverflow.blog/2017/06/15/developers-use-spaces-make-money-use-tabs。

并没有提供与 pre-commit 的集成，所以采用了直接在 pre-commit 中调用本地 mypy 命令的方法。

本章的主题是高效编码。先介绍了代码自动完成工具，然后讲述了如何利用语法检查工具尽早发现错误并修复，避免把这些错误带入到测试环境甚至生产环境中。在介绍的方案中，语法检查是随着编码实时展开的，并在向代码库提交时强制执行一次检查。后面在运行测试时，还会再做一次检查，通过这样分层式的设防与检查，避免项目出现重大错误。

开发人员需要编写一个个测试用例，测试框架发现这些测试用例，将它们组装成测试 suite 并运行，收集测试报告，并且提供测试基础设施（如断言、mock、setup 和 teardown 等）。Python 当中最主流的单元测试框架有三种：Pytest、 nose 和 Unittest，其中 Unittest 是标准库，其他两种是第三方工具。在 PPW 向导生成的项目中就使用了 Pytest 来驱动测试。

这里主要比较一下 Pytest 和 Unittest。多数情况下，当选择单元测试框架时，选择二者之一即可。Unittest 基于类来组织测试用例，而 Pytest 则是函数式的，基于模块来组织测试用例，同时它也提供了 group 的概念来组织测试用例。Pytest 的 mock 是基于第三方的 pytest-mock，而 pytest-mock 实际上只是对标准库中的 mock 的简单封装。单元测试都会有 setup 和 teardown 的概念，Unittest 使用了 setUp 和 tearDown 作为测试入口和结束的 API。在 Pytest 中，则是通过 fixture 来实现的，这方面的学习曲线可能稍微陡峭一点。在断言方面，Pytest 使用 Python 的关键字 assert 进行断言，比 Unittest 更为简洁，不过在断言类型上没有 Unittest 丰富。

另外一个值得一提的区别是，Unittest 从 Python 3.8 版起就内在地支持 asyncio，而在 Pytest 中，则需要插件 pytest-asyncio 来支持。但两者在测试的兼容性上并没有大的不同。

Pytest 的主要优势是有：

1）Pytest 的测试用例更简洁。由于测试用例并不是正式代码，开发者当然希望少花时间在这些代码上，因此代码的简洁程度很重要。

2）提供了命令行工具。如果仅使用 Unittest，则执行单元测试必须使用 python -m unittest 来执行；而通过 Pytest 来执行单元测试，只需要调用 "pytest ." 即可。

3）Pytest 提供了 marker，可以更方便地决定哪些用例执行或者不执行。

4）Pytest 提供了参数化测试。

这里简要地举例说明一下什么是参数化测试，以便读者理解为什么参数化测试是一个值得一提的优点。

```
import pytest
```

```python
from datetime import datetime
from src.example import get_time_of_day

@pytest.mark.parametrize(
    "datetime_obj, expect",
    [
        (datetime(2016, 5, 20, 0, 0, 0), "Night"),
        (datetime(2016, 5, 20, 1, 10, 0), "Night"),
        (datetime(2016, 5, 20, 6, 10, 0), "Morning"),
        (datetime(2016, 5, 20, 12, 0, 0), "Afternoon"),
        (datetime(2016, 5, 20, 14, 10, 0), "Afternoon"),
        (datetime(2016, 5, 20, 18, 0, 0), "Evening"),
        (datetime(2016, 5, 20, 19, 10, 0), "Evening"),
    ],
)
def test_get_time_of_day(datetime_obj, expect, mocker):
    mock_now = mocker.patch("src.example.datetime")
    mock_now.now.return_value = datetime_obj

    assert get_time_of_day() == expect
```

在这个示例中，我们希望用不同的时间参数来测试 get_time_of_day 方法。如果使用 Unittest，需要写一个循环，依次调用 get_time_of_day()，然后对比结果。而在 Pytest 中，只需要使用 parametrize 注解，就可以传入参数数组（包括期望的结果），进行多次测试，不仅代码量少，更重要的是，这种写法更加清晰。

基于以上原因，在后面的内容中将以 Pytest 为例进行介绍。

7.1 测试代码的组织

一般将所有的测试代码都归类在项目根目录下的 tests 文件夹中。每个测试文件的名字，要么使用 test_*.py，要么使用*_test.py。这是测试框架的要求。如此一来，当执行 "pytest tests" 等命令时，测试框架就能从这些文件中发现测试用例，并组合成一个个待执行的 suite。

在 test_*.py 中，函数名一样要遵循一定的模式，比如使用 test_×××。不遵循规则的测试函数，不会被执行。

一般来说，测试文件应该与功能模块文件一一对应。如果被测代码有多重文件夹，对应的测试代码也应该按同样的目录来组织。这样做的目的，是将商业逻辑与其测试代码对应起来，方便添加新的测试用例和对测试用例进行重构。

比如在 PPW 生成的示例工程中，有图 7-1 所示的目录结构。

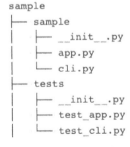

图 7-1　测试代码与业务逻辑相对应的目录结构

注意这里面的 __init__.py 文件，如果缺少这个文件的话，tests 就不会成为一个合法的
包，从而导致 Pytest 无法正确导入测试用例。

7.2　Pytest

使用 Pytest 写测试用例很简单。假设 sample\app.py 如下所示：

```
def inc(x:int)->int:
    return x + 1
```

则 test_app.py 只需要有以下代码即可完成测试：

```
import pytest
from sample.app import inc

def test_inc():
    assert inc(3) == 4
```

这比 Unittest 下的代码要简洁很多。

7.2.1　测试用例的组装

在 Pytest 中，Pytest 会按传入的文件（或者文件夹），搜索其中的测试用例并组装成测试
集合（suite）。除此之外，它还能通过 pytest.mark 来标记哪些测试用例是需要执行的，哪些
测试用例是需要跳过的。

```
import pytest

@pytest.mark.webtest
def test_send_http():
    pass  # perform some webtest test for your app


def test_something_quick():
    pass


def test_another():
    pass


class TestClass:
    def test_method(self):
        pass
```

然后就可以选择只执行标记为 webtest 的测试用例：

```
$ pytest -v -m webtest


=========================== test session starts ===========================
platform linux -- Python 3.x.y, pytest-7.x.y, pluggy-1.x.y -- $PYTHON_PREFIX/bin/python
cachedir: .pytest_cache
rootdir: /home/sweet/project
collecting ... collected 4 items / 3 deselected / 1 selected

test_server.py::test_send_http PASSED                           [100%]


==================== 1 passed, 3 deselected in 0.12s ====================
```

从输出可以看出，只有 test_send_http 被执行了。

这里的 webtest 是自定义的标记。也可以用 Pytest 的内置标记来筛选用例：

1）pytest.mark.filter warnings：给测试用例添加 filter warnings 标记，可以忽略警告信息。

2）pytest.mark.skip：给测试用例添加 skip 标记，可以跳过测试用例。

3）pytest.mark.skipif：给测试用例添加 skipif 标记，可以根据条件跳过测试用例。

4）pytest.mark.xfail：在某些条件下（比如运行在某个操作系统上），用例本应该失败，此时就应使用此标记，以便在测试报告中标记出来。

5）pytest.mark.parametrize：给测试用例添加参数化标记，可以根据参数化的参数执行多次测试用例。

这些标记可以用 pytest --markers 命令查看。

7.2.2　Pytest 断言

在测试时，当调用一个方法之后，会希望将其返回结果与期望结果进行比较，以决定该测试是否通过。这被称之为测试断言。

Pytest 中的断言巧妙地拦截并复用了 Python 内置的函数 assert。

```python
def test_assertion():
    # 判断基本变量相等
    assert "loud noises".upper() == "LOUD NOISES"

    # 判断列表相等
    assert [1, 2, 3] == list((1, 2, 3))

    # 判断集合相等
    assert set([1, 2, 3]) == {1, 3, 2}

    # 判断字典相等
    assert dict({
        "one": 1,
        "two": 2
    }) == {
        "one": 1,
```

```
        "two": 2
    }

    # 判断浮点数相等
    # 默认情况下, origin ± 1e-06
    assert 2.2 == pytest.approx(2.2 + 1e-6)
    assert 2.2 == pytest.approx(2.3, 0.1)

    # 第 25 行: 如果要判断两个浮点数组是否相等, 需要借助 numpy.testing
    import numpy

    arr1 = numpy.array([1., 2., 3.])
    arr2 = arr1 + 1e-6
    numpy.testing.assert_array_almost_equal(arr1, arr2)  # 第 30 行

    # 第 32 行: 异常断言 (有些用例要求能抛出异常)
    with pytest.raises(ValueError) as e:
        raise ValueError("some error")

    msg = e.value.args[0]
    assert msg == "some error"
```

上面的代码分别演示了如何判断内置类型、列表、集合、字典、浮点数和浮点数组是否相等。这部分语法跟标准 Python 语法并无二致。Pytest 与 Unittest 一样，都没有提供如何判断两个浮点数数组是否相等的断言，如果有这个需求，可以求助于 numpy.testing，正如例子中第 25～30 行所示。

有时候需要测试错误处理，看函数是否正确地抛出了异常，代码第 32～37 行演示了异常断言的使用。注意这里不应该这么写：

```
try:
    # 调用 some_func, 此函数将抛出 ValueError
except ValueError as e:
    assert str(e) == "some error":
else:
    assert False
```

上述代码看上去逻辑正确，但它混淆了异常处理和断言，使得他人一时难以分清这段代码究竟是在处理测试代码中的异常，还是在测试被调用函数能否正确抛出异常，明显不如异常断言那样清晰。

7.2.3 Pytest fixture

一般而言，测试用例很可能需要依赖于一些外部资源，比如数据库、缓存、第三方微服务等。这些外部资源的初始化和销毁，我们希望能够在测试用例执行前后自动完成，即自动完成 setup 和 teardown 的操作。这时就需要用到 Pytest 的 fixture。

提示：

在单元测试中是否需要使用外部资源是一个见仁见智的问题。有的认为，一旦引入外部资源，测试用例就不再是单元测试，而是集成测试。科技总在发展，特别是进入容器化时代后，在测试中快速创建一个专属的数据库服务器变得十分快捷和容易，这可能要比通过大量的 mock 来进行外部资源隔离更容易。

假定有一个测试用例，它需要连接数据库，代码如下（参见 code/chap07/sample/app.py）。

```python
import asyncpg
import datetime

async def add_user(conn: asyncpg.Connection, name: str, date_of_birth: datetime.date)->int:
    # 向刚创建的表中插入一条记录
    await conn.execute('''
        INSERT INTO users(name, dob) VALUES($1, $2)
    ''', name, date_of_birth)

    # 从表中查询一行记录
    row: asyncpg.Record = await conn.fetchrow(
        'SELECT * FROM users WHERE name = $1', 'Bob')
    # 现在 row 对象将包含以下信息
    # asyncpg.Record(id=1, name='Bob', dob=datetime.date(1984, 3, 1))
    return row["id"]
```

下面先展示测试代码（参见 code/chap07/sample/test_app.py），再结合代码讲解 fixture 的使用。

```python
01  import pytest
02  from sample.app import add_user
03  import pytest_asyncio
04  import asyncio
05
06  # pytest-asyncio 已经提供了一个 event_loop 的 fixture，但它是 function 级别的
07  # 这里需要一个 session 级别的 fixture，所以需要重新实现
08  @pytest.fixture(scope="session")
09  def event_loop():
10      policy = asyncio.get_event_loop_policy()
11      loop = policy.new_event_loop()
12      yield loop
13      loop.close()
14
15  @pytest_asyncio.fixture(scope='session')
16  async def db():
17      import asyncpg
18      conn = await asyncpg.connect('postgresql://zillionare:123456@localhost/bpp')
19      yield conn
```

```
20
21      await conn.close()
22
23   @pytest.mark.asyncio
24   async def test_add_user(db):
25       import datetime
26       user_id = await add_user(db, 'Bob', datetime.date(2022, 1, 1))
27       assert user_id == 1
```

上述功能代码很简单，就是往 users 表里插入一条记录，并返回它在表中的 id。测试代码调用 add_user 函数，然后检测返回值是否为 1（如果每次测试前都新建数据库或者清空表的话，那么返回的 id 就应该是 1）。

这个测试显然需要连接数据库，因此需要在测试前创建一个数据库连接，然后在测试结束后关闭连接。并且，还会有多个测试用例需要连接数据库，因此希望数据库连接是一个全局的资源，可以在多个测试用例中共享。这就是 fixture 的用武之地。

fixture 是一些函数，Pytest 会在执行测试函数之前（或之后）加载并运行它们。但与 Unitest 中的 setup 和 teardown 不同，Pytest 中的 fixture 依赖是显式声明的。比如，上面的 test_add_user 显式依赖了 db 这个 fixture（通过在函数声明中传入 db 作为参数），而 db 则又显式依赖 event_loop 这个 fixture。但除此之外，即使文件中还存在其他 fixture，执行 test_add_user 也不会执行这些 fixture，因为依赖必须显式声明。

上面的代码演示的是对异步函数 add_user 的测试。显然，异步函数必须在某个 event loop 中执行，并且相关的初始化（setup）和退出（teardown）操作也必须在同一个 loop 中执行。这里分别通过 pytest.mark.asyncio、pytest_asyncio 等 fixture 来实现：

首先，需要将测试用例标注为异步执行，即上面的代码第 23 行。其次，test_add_user 需要一个数据库连接，该连接由 fixture 'db' 来提供。这个连接的获得也是异步的，因此，不能使用 pytest.fixutre 来声明该函数，而必须使用@pytest_asyncio.fixture 来声明该函数（第 15 行）。

第 8 行和第 15 行中的 scope='session'，这个参数表示 fixture 的作用域，它有 4 个可选值：function、class、module 和 session。默认值是 function，表示 fixture 只在当前测试函数中有效。在上面的示例中，因为希望这个 event loop 在一次测试中都有效，所以将 scope 设置为 session。

上面的例子是和异步模式下的测试相关的。对普通函数的测试更简单，不需要 pytest.mark.asyncio 这个装饰器，也不需要 event_loop 这个 fixture，将所有的 pytest_asyncio.fixture 都换成 pytest.fixture 即可（显然，它必须且只能装饰普通函数，而非由 async 定义的函数）。

提示：

如果使用 Unittest 来对异步函数进行测试，首先注意测试类要从 unittest.IsolatedAsyncioTestCase 继承，其次注意测试函数要以 async def 定义，并且 setup 和 teardown 都要换成它们的异步版本 asyncSetup、asyncTeardown。

注意:

只有从 Python 3.8 开始，Unittest 才直接支持异步测试。在 Python 3.7 及之前的版本中，需要使用第三方库 aiounittest。

通过上面的例子演示了 fixture。与 markers 类似，要想知道测试环境中存在哪些 fixture，可以通过 pytest --fixtures 命令来显示当前环境中所有的 fixture。

```
$ pytest --fixtures

------------ fixtures defined from faker.contrib.pytest.plugin --------------
faker -- .../faker/contrib/pytest/plugin.py:24
    Fixture that returns a seeded and suitable ``Faker`` instance.

------------ fixtures defined from pytest_asyncio.plugin ----------------
event_loop -- .../pytest_asyncio/plugin.py:511
    Create an instance of the default event loop for each test case.

...

------------ fixtures defined from tests.test_app ----------------
event_loop [session scope] -- tests/test_app.py:45

db [session scope] -- tests/test_app.py:52
```

这里看到 faker.contrib 提供了一个名为 faker 的 fixture，之前安装的支持异步测试的 pytest_asyncio 也提供了名为 event_loop 的 fixture（为节省篇幅，其他几个省略了），以及测试代码中定义的 event_loop 和 db 这两个 fixture。

Pytest 还提供了一类特别的 fixture，即 pytest-mock。为了讲解方便，先安装 pytest-mock 插件，看看它提供的 fixture。

```
$ pip install pytest-mock
pytest --fixture

------- fixtures defined from pytest_mock.plugin --------
class_mocker [class scope] -- .../pytest_mock/plugin.py:419
    Return an object that has the same interface to the `mock` module, but
    takes care of automatically undoing all patches after each test method.

mocker -- .../pytest_mock/plugin.py:419
    Return an object that has the same interface to the `mock` module, but
    takes care of automatically undoing all patches after each test method.

module_mocker [module scope] -- .../pytest_mock/plugin.py:419
    Return an object that has the same interface to the `mock` module, but
    takes care of automatically undoing all patches after each test method.

package_mocker [package scope] -- .../pytest_mock/plugin.py:419
```

```
    Return an object that has the same interface to the `mock` module, but
    takes care of automatically undoing all patches after each test method.

  session_mocker [session scope] -- .../pytest_mock/plugin.py:419
    Return an object that has the same interface to the `mock` module, but
    takes care of automatically undoing all patches after each test method.
```

可以看到 pytest-mock 提供了 5 个不同级别的 fixture。关于什么是 mock，这是下一节的内容。

7.3 魔法一样的 mock

在进行单元测试时，测试环境应尽可能单纯、可控，因此不希望依赖于用户输入，不希望连接无法独占的数据库或者第三方微服务等。这时候需要通过 mock 来模拟这些外部接口。mock 可能是单元测试中最核心的技术。

拓展阅读：

感谢容器技术！现在的单元测试越来越多地连接数据库、缓存和第三方微服务了。因为对一些接口进行 mock 的代价已经超过了先启动（launch）一个容器，再初始化数据库并开始测试。

无论是 Unittest 还是 Pytest，都直接或者间接使用了 Unittest 中的 mock 模块。所以，当遇到 mock 相关的问题，请参阅 mock[1]。接下来关于 mock 的介绍也将以 Unittest 中的 mock 为主。不过，两个框架的 mock 在基本概念上是相通的。

提示：

从 Python 3.8 起，才对 async 模式下的 mock 有比较完备的支持。由于 Python 3.7 已经走到生命尽头，因此本书不介绍 Python 3.7 中 async 模式下的 mock 实现。

unittest.mock 模块提供了最核心的 Mock 类。当用 Mock 类的一个实例来替换被测试系统的某些部分之后，就可以对它的使用方式做出断言。这包括检查哪些方法（属性）被调用以及调用它们的参数如何。还可以设定返回值或者令其抛出异常，以改变执行路径。

除此之外，mock 模块还提供了 patch 方法和 MagicMock 子类。MagicMock 区别于 Mock 的地方在于，它自动实现了对 Python 类对象中魔法函数的 mock（这是它的名字来源），比如 __iter__ 等。patch 则是一个带上下文管理功能的工具，它能自动复原对系统的更改。

提示：

实际上，多数时候用到的是 MagicMock 对象，而不是 Mock 对象。

---

[1] https://docs.python.org/3/library/unittest.mock.html。

7.3.1 基础概念与基本使用

Mock 的基础概念可以通过下面的代码得到演示：

```
01  from unittest.mock import MagicMock
02  thing = ProductionClass()
03  thing.method = MagicMock(return_value=3)
04  thing.method(3, 4, 5, key='value')
05  thing.method.assert_called_with(3, 4, 5, key='value')
```

这段代码假设有一个被测试类 ProductionClass，当调用它的 method 方法时，它有一些不便在单元测试下运行的情况（比如需要连接数据库），因此，希望能跳过对它的调用，而直接返回指定的一些值。

在这里能获取 ProductionClass 实例对象的引用，所以，可以直接修改它的 method 属性，使之指向一个 MagicMock 对象。MagicMock 对象有一些重要的属性和方法。

第 3 行的 return_value 是第一个重要的属性。它的意思是，当被替换的对象（这里是 method）被调用时，返回值应该是 3。与之类似的另一个属性是 side_effect。它同样也在 mock 被调用时返回设置的值。但 return_value 与 side_effect 有重要区别：两者的返回值都可以设置为数组（或者其他可迭代对象），但通过 side_effect 设置返回值时，每次调用 mock，它都返回 side_effect 中的下一个迭代值；而 return_value 只会将设置值全部一次返回。另外，如果两者同时设置，side_effect 优先返回。请看下面的示例：

```
import unittest.mock

side_effect = [1, 2, unittest.mock.DEFAULT, 4, 5]
m = unittest.mock.Mock(return_value="foo", side_effect=side_effect)

for _ in side_effect:
    print(m())

print(f"m is called by {m.call_count} times")
m.assert_called_with()
```

输出结果将是：

```
1
2
foo
4
5
```

上述代码给 side_effect 设置了 5 个值，在 5 次重复测试时，它依次返回下一个迭代值。注意这里通过 unittest.mock.DEFAULT，来让其中一次迭代返回 return_value 的设置值。当然，本质上，这仍然是对 side_effect 的一个迭代结果。

这里还出现了它的一个重要方法 assert_called_with，即检查被 mock 替换的方法是否被期望的参数调用了。除此之外,还可以断言被调用的次数(m.call_count)等。

提示:

如果读者之前接触过其他 mock 框架的话,可能需要注意,Python 中的 mock 是 action→ assertion 模式,而不是其他语言中常见的 record→replay 模式。

这个例子演示了 mock 使用的精髓,即生成 mock 实例,设置行为(如返回值),替换生产系统中的对象(如方法、属性等),最后检验结果。

很多时候,会通过 patch 的方式来使用 mock。

1. 作为装饰器使用

假如有一个文件系统相关的操作,要测试该操作,如果不使用 mock,就必须在测试环境下构建目录,增加某些文件。除非万不得已,一般不希望测试改变文件系统,这是应该使用 mock 的地方。

```python
import os
# 待测试代码
class Foo:
    def get_files(self, dir_: str):
        return os.list_dir(dir_)
# 测试代码
from unittest.mock import patch
from unittest import TestCase
class FooTest(TestCase):
    @patch('__main__.Foo.get_files')
    def test_get_files(self, mocked):
        mocked.return_value = ["readme.md"]
        foo = Foo()
        self.assertListEqual(foo.get_files(), ["readme.md"])


test = FooTest()
test.test_get_files()
```

下面对一些关键代码进行解释。首先,通过装饰器语法进行 mock 时,测试函数会多一个参数(这里是 mocked,名字可以任意指定)。这里也可以使用多个 patch 装饰器,每增加一个装饰器,测试函数就会增加一个参数。

其次,要对 Foo.get_files 进行 mock,但在 Foo.get_files 之前,加了__main__的前缀。这是由于类 Foo 的定义处在顶层模块中。在 Python 中,任何一个符号(类、方法或者变量)都处在某个模块(module)之下。如果这段代码存为磁盘文件 foo.py,那么模块名就是 foo;当在其他模块中引入 Foo.get_files 时,应该使用 foo.Foo.get_files。这里由于是同模块引用,因此前缀是__main__。

提示:

使用 mock 的关键,是要找到被 mock 对象正确的引用方式。在 Python 中,一切都是对象。这些对象通过具有层次结构的命名空间来进行寻址。以 patch 方法为例，它处在 mock 模块之中，而 mock 模块又是 unittest 包的下级模块，因此使用 unittest.mock.patch 来引用它，这与导入路径是一致的。但是，像这里的脚本，如果一个对象不是系统内置对象，又不存在于任何包中，那么它的名字空间就是 __main__，正如这里的示例 __main__.Foo 一样。关于寻址的其他情况，会在后面介绍 builtin 对象以及错误的引用时介绍。

通过装饰器语法传进来的 mock 对象，其行为是未经设置的。因此，要在这里先设置它的返回值，再调用业务逻辑函数 foo.get_files——由于它已经被 mock 了，因此会返回设置的返回值。

2. 在块级代码中使用

实际上，当通过装饰器来使用 patch 时，它的上下文是函数级别的，在函数退出之后，mock 对系统的更改就复原了。但是，有时候我们更希望使用代码块级别的 patch，一方面可以更精准地限制 mock 的使用范围，另一方面，它的语法会更简练，因为可以用一行代码完成 mock 行为的设置。

```python
import os
# 待测试代码
class Foo:
    def get_files(self, dir_: str):
        return os.list_dir(dir_)
# 测试代码
from unittest.mock import patch
from unittest import TestCase
class FooTest(TestCase):
    def test_get_files(self):
        with patch('__main__.Foo.get_files', return_value=["readme.md"]):
            foo = Foo()
            self.assertListEqual(foo.get_files(), ["readme.md"])


test = FooTest()
test.test_get_files()
```

这里仅用一行代码就完成了替换和设置。

在实践中，使用 mock 可能并不像看起来那么容易。有一些场合对初学者而言会比较难以理解。但一旦熟悉之后，你会发现对 Python 的底层机制有了更深入的理解。下面介绍在这些场合下如何使用 mock。

7.3.2 特殊场合下的 mock

1. 修改实例的属性

前面的例子中，给 patch 传入的 target 是一个字符串，显然，在 patch 作用域内，所有新生成的对象都会被打上补丁（patch）。如果在打补丁之前对象已经生成了，则需要使用 patch.object 来完成打补丁。这样做的另一个好处是可以有选择性地对部分对象打补丁。

```
01  def bar():
02      logger = logging.getLogger(__name__)
03      logger.info("please check if I was called")
04      root_logger = logging.getLogger()
05      root_logger.info("this is not intercepted")
06
07  # TEST_FOO.PY
08  from sample.core.foo import bar
09  logger = logging.getLogger('sample.core.foo')
10  with mock.patch.object(logger, 'info') as m:
11      bar()
12      m.assert_called_once_with("please check if I was called")
```

在 bar 方法里，两个 logger（root_logger 和'sample.core.foo'对应的 logger）都被调用，但在测试时只拦截了后一个 logger（第 2 行）的'info'方法，结果证明它被调用了，且仅被调用了一次。

这里要提一下 Pytest 中的 mocker.patch 与 unittest.mock.patch 的一个细微差别。后者进行 patch 时可以返回 mock 对象，从而可以通过它进行更多的检查（见上面示例代码中的第 11 行）；而 mocker.patch 的返回值是 None。

2. 异步对象

从 Python 3.8 起，unittest.mock 基本不再区分同步对象和异步对象，比如：

```
# 待测试方法
class Foo:
    async def bar():
        pass


# 测试代码
class FooTest(TestCase):
    async def test_bar(self):
        foo = Foo()
        with patch("__main__.Foo.bar", return_value="hello from async mock!"):
            res = await foo.bar()
            print(res)


test = FooTest()
await test.test_bar()
```

原函数 bar 的返回值为空。但输出结果是"hello from async mock!"，说明该函数被 mock 了。

被 mock 的方法 bar 是一个异步函数，如果只需要 mock 它的返回值，则用同样的方法直接给 return_value 赋值即可。如果要将其替换成另一个函数，也只需要将该函数声明成为异步函数即可。

但是，如果要 mock 的是一个异步的生成器，则方法会有所不同：

```
# 待测代码
from unittest import mock
class Foo:
    async def bar():
        for i in range(5):
            yield f"called {i}th"

# 测试代码
class FooTest(TestCase):
    async def test_bar(self):
        foo = Foo()
        with mock.patch(
            "__main__.Foo.bar"
        ) as mocked:
            mocked.return_value.__aiter__.return_value = [0, 2, 4, 6, 8]
            print([i async for i in foo.bar()])

test = FooTest()
await test.test_bar()
```

理解这段代码的关键是要 mock 的对象是 bar 方法，它的返回值（即 mocked.return_value）是一个 coroutine。需要对该 coroutine 的__aiter__方法设置返回值，才能得到正确的结果。此外，由于__aiter__本身就是迭代器的意思，因此，即使设置它的 return_value 为一个列表，它也会依次返回迭代结果，而不是整个列表。这与前面介绍 return_value 和 side_effect 的异同时所讲的内容不同。

同样需要特别注意的是 async with 方法，需要 mock 住它的__aexit__，将其替换成要实现的方法。

3. builtin 对象

如果有一个程序，需要读取用户从控制台输入的参数，并根据该参数进行一些计算。现在需要测试这部分功能。显然，需要 mock 用户输入，否则单元测试没法自动化。

在 Python 中，接收用户从控制台输入的函数是 input。要 mock 这个方法，按照前面学习中得到的经验，我们需要知道它属于哪个名字空间。可是，我们从来没有导入过它们，它们究竟应该属于哪个名字空间呢？

在 Python 中，像 input、open、eval 这样的函数大约有 80 个，被称为 builtins（内置函数[①]）。

在 mock 它们时，使用 builtins 名字空间来进行引用：

```
with patch('builtins.input', return_value="input is mocked"):
    user_input = input("please say something:")
    print(user_input)
```

[①] https://docs.python.org/3/library/functions.html。

执行上述代码时，我们就不再依赖用户输入了，因为 input 方法被 mock 替换了，并且总是会返回"input is mocked"，这样就能保证测试结果可重现。

4. 让时间就停留在这一刻

有时候会在代码中通过 datetime.datetime.now()来获取系统的当前时间。显然，在不同的时间进行测试，会得到不同的取值，导致测试结果无法固定。因此，时间也是需要被 mock 的对象。

要实现对这个方法的 mock，推荐做法是使用 freezegun 库，而不是自己去实现这个 mock。

```
from freezegun import freeze_time
import datetime
import unittest


@freeze_time("2012-01-14")
def test():
    assert datetime.datetime.now() == datetime.datetime(2012, 1, 14)


def test_case2():
    assert datetime.datetime.now() != datetime.datetime(2012, 1, 14)
    with freeze_time("2012-01-14"):
        assert datetime.datetime.now() == datetime.datetime(2012, 1, 14)

    assert datetime.datetime.now() != datetime.datetime(2012, 1, 14)
```

注意 Python 的时间库有很多，如果使用其他库来获取当前时间，则 freezegun 很可能会不起作用。不过，对第三方的时间库，一般很容易实现 mock。

5. 如何制造一场"混乱"

假设有一个爬虫在爬取百度的热搜词，它的功能主要由 crawl_baidu 来实现。还有一个函数在调用它，以保存 crawl_baidu 的返回结果。我们想知道，如果 crawl_baidu 抛出异常，那么调用函数是否能够正确处理这种情况。

这里的关键是要让 crawl_baidu 能抛出异常。

```
01  import httpx
02  from httpx import get, ConnectError
03  from unittest.mock import patch
04  from unittest import TestCase
05  def crawl_baidu():
06      return httpx.get("https://www.baidu.com")
07
08  class ConnectivityTest(TestCase):
09      def test_connectivity(self):
10          with patch('httpx.get', side_effect=["ok", ConnectError("disconnected")]):
11              print(crawl_baidu())
12              with self.assertRaises(ConnectError):
```

```
13              crawl_baidu()
14
15    case = ConnectivityTest()
16    case.test_connectivity()
```

crawl_baidu 依靠 httpx.get 来爬取数据。通过 mock httpx.get 方法，让它有时返回正常结果，有时返回异常。这是通过 side_effect 来实现的。

注意第 12 行使用的是 self.assertRaises，而不是 try-except 来捕捉异常。两者都能够实现检查异常是否抛出的功能。但通过 self.assertRaises，强调了这里应该抛出一个异常，它是测试逻辑的一部分。而 try-except 则应该用来处理真正的异常。

6. 消失的魔法

再强调一遍，"使用 mock 的关键，是要找到被 mock 对象的正确引用方式。"而正确引用的关键，则是这样一句"咒语"：

Mock an item where it is used, not where it came from.

在对象被使用的地方进行 mock，而不是在它出生的地方。

下面通过一个简单的例子来说明这一点：

```
from os import system
from unittest import mock
import pytest
def echo():
    system('echo "Hello"')
with mock.patch('os.system', side_effect=[Exception("patched")]) as mocked:
    with pytest.raises(Exception) as e:
        echo()
```

在 echo 方法中，调用了系统的 echo 命令。在测试中，试图 mock 住 os.system 方法，让它一被调用就返回一个异常。然后通过 Pytest 来检查，如果抛出异常，则证明 mock 成功，否则，mock 失败。

但是如果运行这个示例只会得到一个友好的问候，没有错误，也没有警告！为什么？

因为当在 echo() 函数中调用 system 函数时，此时的 system 存在于 __main__ 名字空间，而不是 os 名字空间。os 名字空间是 system 出生的地方，而 __main__ 名字空间才是使用它的地方。因此，patch 的对象应该是 __main__.system，而不是 os.system。

现在，将 os.system 改为 __main__.system，重新运行，你会发现，魔法又生效了！

再介绍一个名为 where_to_patch 的示例。

```
# FOO.PY
def get_name():
    return "Alice"
# BAR.PY
from .foo import get_name
class Bar:
    def name(self):
```

```
        return get_name()
# TEST.PY
from unittest.mock import patch
from where_to_patch.bar import Bar
tmp = Bar()
with patch('where_to_patch.foo.get_name', return_value="Bob"):
    name = tmp.name()
    assert name == "Bob"
```

测试代码会抛出 AssertionError: assert "Alice" == "Bob" 的错误。如果把 where_to_patch.foo 改为 where_to_patch.bar，则测试通过。这个扩展示例进一步清晰地演示了如何正确引用被 mock 对象。

7.4 Coverage：衡量测试的覆盖率

通过前面的学习，读者已经掌握了如何进行单元测试，接下来，一个很自然的问题浮现出来，如何知道单元测试的质量呢？这就提出了测试覆盖率的概念。测试覆盖率通常用于衡量测试的有效性。它可以显示代码的哪些部分已被测试过，哪些没有被测试过。

coverage.py 是最常用的测量 Python 程序代码覆盖率的工具。它监视程序，记录代码的哪些部分已被执行，然后分析源代码以识别已执行代码和未执行代码。

可以通过下面的方法来安装 coverage.py：

```
$ pip install coverage
```

要收集测试覆盖率数据，只需要在原来的测试命令前加上 coverage run 即可。比如，如果之前是使用 "pytest arg1 arg2 arg3" 来进行测试的，则现在使用：

```
$ coverage run -m pytest arg1 arg2 arg3
```

当测试运行完成后，可以通过 "coverage report -m" 来查看测试覆盖率的报告：

```
Name                    Stmts   Miss  Cover   Missing
-----------------------------------------------------
my_program.py              20      4    80%   33-35, 39
my_other_module.py         56      6    89%   17-23
-----------------------------------------------------
TOTAL                      76     10    87%
```

如果希望得到更好的视觉效果，也可以使用 coverage html 命令来生成带注释的 HTML 报告，然后在浏览器中打开 htmlcov/index.html，如图 7-2 所示。

不过，更多人选择使用 pytest-cov 插件来进行测试覆盖率的收集。这也是 PPW 的选择。通过 PPW 生成的工程，pytest-cov 已被加入到测试依赖中，因此也就自然被安装到环境中去了。

coverage.py v7.0.5，创建于 2023-01-10 18:17 -0500

模块	声明	失踪	排除在外	分支机构	部分的	报道
cogapp/__init__.py	2个	0	0	0	0	100.00%
cogapp/__main__.py	3个	3个	0	0	0	0.00%
cogapp/backward.py	22	6个	0	4个	2个	69.23%
cogapp/cogapp.py	510	230	1个	216	30	48.48%
cogapp/makefiles.py	27	20	0	14	0	17.07%
cogapp/test_cogapp.py	849	595	2个	28	1个	29.30%
cogapp/test_makefiles.py	71	53	0	6个	0	23.38%
cogapp/test_whiteutils.py	69	50	0	0	0	27.54%
cogapp/whiteutils.py	45	5个	0	34	4个	88.61%
全部的	**1598**	**962**	**3个**	**302**	**37**	**39.11%**

coverage.py v7.0.5，创建于 2023-01-10 18:17 -0500

图 7-2　html 格式的 coverage 报告

因此，通过 PPW 配置的工程，一般不需要直接调用 coverage 命令，而是使用 pytest 命令来进行测试。pytest-cov 插件会自动收集测试覆盖率数据，然后在测试完成后，自动将测试覆盖率报告打印到控制台上。如果希望生成带注释的 HTML 报告，可以使用 pytest --cov-report=html 命令。

默认情况下，coverage.py 将测试行（语句）覆盖率，但通过配置，还可以测量分支覆盖率。

通过下面的示例代码来说明这两种覆盖分别是什么意思：

```
01.  def my_partial_fn(x):
02.      if x:
03.          y = 10
04.      return y
05.
06.  my_partial_fn(1)
```

在上面的代码中，第 2 行是一个 if 语句，根据 x 的取值，接下来可能运行到第 3 行，也可能运行到第 4 行。当 coverage 被配置为按语句计算覆盖率时（这是默认的情况），只要该函数被执行，则 coverage 将统计为该函数的所有语句都已被执行过；但如果 coverage 被配置为按分支计算覆盖率时，如果 x 求值的结果为 False，那么执行代码时将从第 2 行直接跳到第 4 行。coverage 将把第 2～4 行的代码标记为部分分支覆盖。

除了配置分支覆盖外，还有其他几种情况需要配置。接下来介绍如何进行配置。

coverage.py 配置文件的默认名称是 .coveragerc，在 PPW 生成的工程中，这个文件处在项目根目录下（读者可以回到第 4.3.11 节查看 PPW 生成的文件列表）。

如果没有使用默认配置文件，coverage.py 将从其他常用配置文件（比如 setup.cfg 或 tox.ini）中读取设置。

在这些配置文件中，如果存在名称带有“coverage:”前缀的节（section），则会将其当成是 coverage 的配置，比如.coveragerc 中有一节名为 run，当它出现在 tox.ini 中时，节名字就应该是 coverage:run。

也可以在 pyproject.toml 中配置 coverage。如果要使用这种方式，需要在 pyproject.toml 中添加一个名为 tool.coverage 的节，然后在这个节中添加配置项。

coverage 的配置项遵循 ini 语法，示例如下：

```
01  [run]
02  branch = True
03  [report]
04  # 按正则表达式排除代码行，会覆盖默认配置，因此有一些配置必须重新声明
05  exclude_lines =
06      # 重新声明排除标记为 progma:no cover 的行
07      pragma: no cover
08      # 排除对 _ _repr_ _ 函数的检查
09      def _ _repr_ _
10      if self\.debug
11      # 排除声明为 DEBUG-ONLY 的代码
12      raise AssertionError
13      raise NotImplementedError
14      # 不检查以下防卫型断言检查
15      if 0:
16      if _ _name_ _ == ._ _main_ _.:
17      # 不检查未运行的抽象方法
18      @(abc\.)?abstractmethod
19  ignore_errors = True
20  [html]
21  directory = coverage_html_report
```

前面提到过可以让 coverage.py 按分支覆盖率来统计，这可以按照第 2 行进行配置。[report]节中的配置项可以让 coverage.py 忽略一些不需要统计的代码，比如 debug 代码。[html]节配置了生成的 HTML 文件的存放位置。如果没有指定，将默认存放在 htmlcov 目录下。

[run]节比较常用的配置项有 include 和 omit，用来指定把某个文件或者目录加入到测试覆盖，或者排除掉某个文件或者目录。在[report]节中也有相同的配置项，两者有所区别。在[report]节中指定的 omit 或者 include 都仅适用于报告的生成，但不影响实际的测试覆盖率统计。

7.5 发布覆盖率报告

如果项目是开源的，你可能希望把覆盖率报告发布到网上。这里使用 codecov.io 来发布覆盖率报告。

codecov 是一个在线的代码覆盖率报告服务，它可以从 GitHub、Bitbucket、GitLab 等代码托管平台上获取代码覆盖率报告，然后生成一个在线的报告。这个报告可以让其他人看到项目覆盖率的情况。

在 GitHub 中设置 codecov 集成很简单，在浏览器中打开 https://github.com/apps/codecov 页面，完成安装后，在 CI 过程中增加一个上传动作就可以了。在通过 PPW 创建的项目中已经集成了这一步。如果想在自己的项目中手动执行，则可以分别执行以下命令（按不同的平

台，分别给出命令）来完成上传：

```
# Linux
$ curl -Os https://uploader.codecov.io/latest/linux/codecov
$ chmod +x codecov
$ ./codecov
# Windows
$ ProgressPreference = 'SilentlyContinue'
$ Invoke-WebRequest -Uri https://uploader.codecov.io/latest/windows/codecov.exe -Outfile
codecov.exe
$ .\codecov.exe
# macOS
$ curl -Os https://uploader.codecov.io/latest/macos/codecov
$ chmod +x codecov
$ ./codecov
```

强烈建议仅通过 CI 来上传覆盖率报告，而不是在本地执行。因为本地执行的覆盖率报告，可能会因为开发者本地环境的不同而产生差异。另一方面，在 CI 中执行后，还能在 pull request 之后，得到图 7-3 所示的状态报告。

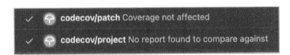

图 7-3　codecov 状态报告

并且还能在 pull request 的注释中看到覆盖率的变化，如图 7-4 所示。

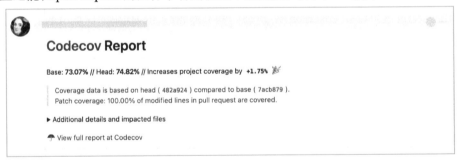

图 7-4　覆盖率的变化

这会让你的开源项目看上去非常专业，不是吗？更重要的是，让你的潜在用户更加相信这是一个高质量的项目。

7.6　使用 tox 实现矩阵化测试

如果软件支持 3 种操作系统，4 个 Python 版本，就必须在 3 种操作系统上分别创建 4 个虚拟环境，安装软件和依赖，再执行测试，上传测试报告。这个动作不仅相当烦琐，还很容易引入错误。

tox 与 CI 结合，就可以帮助我们自动化地完成环境的创建与测试执行。

7.6.1　什么是 tox

tox 是一个通用的 Python 虚拟环境管理和命令行测试工具，旨在自动化和标准化 Python 测试。它是简化 Python 软件的打包、测试和发布过程的更大愿景的一部分。大多数项目都使用它来确保软件在多个 Python 解释器版本之间的兼容性。

实际上，tox 主要完成以下工作：

1）根据配置创建基于多个版本的 Python 虚拟环境，并且保证这些虚拟环境的可复制性（需要与 poetry 或者其他依赖管理工具协作）。

2）在多个环境中运行测试和代码检查工具，比如 Pytest、Flake8、Black、mypy 等。

3）隔离环境变量。tox 不会将系统的任何环境变量传递到虚拟环境中，这样可以保证测试的可重复性。

7.6.2　tox 的工作原理

图 7-5 所示是 tox 的工作原理图。

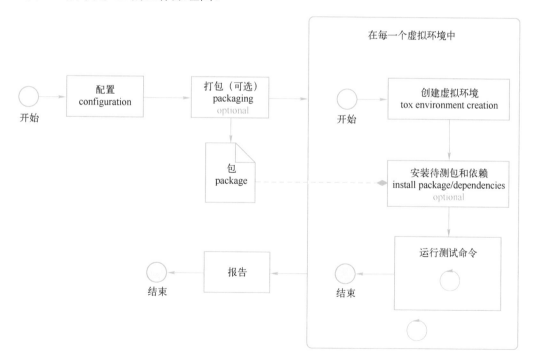

图 7-5　tox 的工作原理图

根据这张图，tox 读取配置文件，打包待测试软件，按照配置文件创建虚拟环境，并安装待测试软件和依赖，然后依次执行测试命令。最终，当所有虚拟环境下的测试都通过后，tox 会生成测试报告。

下面通过一个典型的配置文件来介绍 tox 是如何配置和工作的。

7.6.3 如何配置 tox

在 PPW 生成的项目中，存在以下 tox.ini 文件：

```
01  [tox]
02  isolated_build = true
03  envlist = py38, py39, py310, lint
04  skipsdist = false
05  [gh-actions]
06  python =
07      3.10: py310
08      3.9: py39
09      3.8: py38
10  [testenv:lint]
11  extras =
12      dev
13      doc
14  deps =
15      poetry
16  commands =
17      poetry run isort {{ cookiecutter.project_slug }}
18      poetry run black {{ cookiecutter.project_slug }} tests
19      poetry run flake8 {{ cookiecutter.project_slug }}
20      poetry build
21      poetry run mkdocs build
22      poetry run twine check dist/*
23  [testenv]
24  passenv = *
25  setenv =
26      PYTHONPATH = {toxinidir}
27      PYTHON WARNINGS = ignore
28  deps =
29      poetry
30  extras =
31      test
32  commands =
33      poetry run pytest -s --cov={{ cookiecutter.project_slug }} --cov-append --cov-report=xml --cov-report
34  term-missing tests
```

配置文件仍然是标准的 ini 文件格式（tox 也支持通过 pyproject.toml 来进行配置）。我们主要关注以下几个部分。

1. [tox]节

在测试一个 package 之前，tox 首先需要构建一个 sdit 分发包。在打包这件事上，Python 走过了很长的一段历程，打包工具和标准也经历了很多次变化，这些我们将在第 11 章介绍。现在需要知道的是，最新的标准是 PEP 517 和 PEP 518，tox 已经支持这两个标准。但是，如果项目本身不支持这两个 PEP，那么 tox 必须采用之前的打包方式（即使用 setup.py 打包）。

因此，tox 引入了 isolated_build 选项，如果将其设置为 true，tox 会使用 PEP 517 和 PEP 518 的方式来打包项目。如果设置为 false，tox 会使用传统的方式来打包项目。如果通过 poetry 创建项目，并且在 pyproject.toml 中设置了 requires 和 buildbackend 选项，那么需要设置 isolated_build 为 true。

在 PPW 创建的所有项目中，都设置了 isolated_build 为 true，这样才与 pyproject.toml 的设置一致。

envlist 选项表示需要在多少个环境下分别运行测试。这里指定了 py38、py39、p310 和 lint 这 4 个虚拟环境。tox 会自动根据环境名称决定该环境中需要安装的 Python 版本，比如，它能从 py38 这个名称分析出应该使用 Python 3.8。这里还指定了一个 lint 环境，它是用来执行代码检查的。没有为它专门指定 Python 的版本，tox 也无法从名称分析出 Python 的版本，因此它会使用当前的 Python 版本。

默认情况下，tox 会在项目根目录下创建.tox 目录，上述虚拟环境就创建在这个目录下。

```
$ll .tox
total 36
drwxrwxr-x  9 aaron aaron 4096 Jan 20 23:48 ./
drwxrwxr-x 12 aaron aaron 4096 Jan 20 23:48 ../
drwxrwxr-x  5 aaron aaron 4096 Jan 20 23:47 .package/
-rwxrwxr-x  1 aaron aaron    0 Jan 20 23:47 .package.lock*
drwxrwxr-x  3 aaron aaron 4096 Jan 20 23:47 .tmp/
drwxrwxr-x  2 aaron aaron 4096 Jan 20 23:47 dist/
drwxrwxr-x  6 aaron aaron 4096 Jan 20 23:48 lint/
drwxrwxr-x  2 aaron aaron 4096 Jan 20 23:47 log/
drwxrwxr-x  7 aaron aaron 4096 Jan 20 23:47 py38/
drwxrwxr-x  7 aaron aaron 4096 Jan 20 23:48 py39/
```

列目录时，显示存在 lint、py38 和 py39，可以进一步查看这些虚拟环境下的 Python 版本。但是，没有看到 py310，这里因为在测试时系统还没有安装 Python 3.10 这个版本，因此 tox 会暂时跳过这个版本，直到安装 Python 3.10，tox 才会在测试初始化时创建 py310。

skipsdist 选项用来指示 tox 是否要跳过构建 sdist 分发包的步骤。这个设置主要是为了兼容 Python 应用程序，因为 tox 的测试对象除了 library 之外，还可能是服务或者简单的脚本集，这些服务或者脚本集没有 setup.py 文件，也无法构建 sdist 分发包。如果没有一个标志让 tox 来跳过构建 sdist 分发包的步骤，那么 tox 会报错。

```
ERROR: No pyproject.toml or setup.py file found. The expected locations are:
  /Users/christophersamiullah/repos/tox_examples/basic/pyproject.toml or
```

```
/Users/christophersamiullah/repos/tox_examples/basic/setup.py
You can
  1. Create one:
     https://tox.readthedocs.io/en/latest/example/package.html
  2. Configure tox to avoid running sdist:
     https://tox.readthedocs.io/en/latest/example/general.html
  3. Configure tox to use an isolated_build
```

skipdist 选项在 tox 中是默认为 false 的，多数情况下无须配置。这里出于帮助读者理解 tox 的工作原理的目的才在这里介绍它。

2. [testenv]节

[testenv]节的配置项适用于所有的虚拟环境。如果在某个虚拟环境下存在特别的选项和动作，需要像[testenv:lint]节那样定义在自己的节中。

这里还额外设置了一些环境变量字段。比如设置了 **PYTHONPATH**，另外也忽略了一些警告信息（第 27 行）。如果使用的一些库没有更新，那么将在测试过程中打印大量的 deprecation 警告，从而干扰检查测试过程中的错误信息。当然，应该在测试中打开至少一次这种警告，以便知道哪些用法需要更新。

一般情况下，**tox** 不会把宿主机上的环境变量传递给测试环境。但在一些情况下，比如重要服务的账号和口令，并不适合写在配置文件中，只能配置在宿主机的环境变量中。在这种情况下，需要通过 passenv 选项来指定需要传递的环境变量。这个选项的值是一个逗号分隔的字符串，可以是单个的环境变量，也可以像示例中那样是一个通配符。

提示：

在团队开发中，并不是所有的开发者都有权接触到重要服务的账号与口令。如果这些重要信息配置在代码文件或者相关的配置文件中，就会导致这些重要信息暴露给了所有的开发者。此外，如果代码仓库使用的是 GitHub，还可能导致这些信息泄露到互联网上。正确的做法是将这些重要信息仅仅配置在宿主机的环境变量中，这样就只有有权限访问那台机器的人才能接触到这些重要信息。

这是一种标准的做法，也得到了 GitHub CI 的支持。在 GitHub CI 中，可以通过在 workflow 文件中使用 env 选项来读取环境变量，再经由 tox 把这些环境变量传递给测试环境。

deps 选项声明了要在虚拟环境中安装的 **Python** 库。不同的测试需要的依赖可能各不相同，但在 PPW 生成的项目中，一般只需要一个共同的依赖，即 poetry。因为后面的测试命令都会通过 poetry 来调用。

tox 在安装测试包时，一般不安装声明为 extra 类型的依赖。但是，为了运行测试和进行 lint，必须安装 Pytest、Flake8 等第三库。在 PPW 生成的工程中，这些 extra 类型的依赖又被细分为 dev、test 和 doc。其中，test 依赖是所有测试环境（py38、py310 等）都需要安装的，而 dev 和 doc 一般只在 lint 时需要安装，因此，在[testenv]中声明依赖到 test，而只在[testenv:lint]中依赖到 dev 和 doc。

接下来就是 commands 字段。这是真正执行测试或者 lint 的地方。这里的命令是：

```
commands =
    poetry run pytest -s --cov=%package_under_test% --cov-append --cov-report=xml
    --cov-report term-missing tests
```

-s 参数告诉 Pytest 不要捕获控制台输入输出。

在 PPW 生成的工程中已经集成了 pytest-coverage 插件，因此通过适当的配置，就可以在测试的同时完成测试覆盖率的统计。--cov 用来指示代码覆盖的范围，%package_under_test%需要替换成为待测试程库库名。--cov-append 表明此次测试的结果将会被追加到之前的统计数据中，而不是完全替换之前的数据。--cov-report 将测试数据输出为 xml 格式。--cov-report 表明应该如何生成报告。

最后的 tests 是测试代码所在的文件夹。

3. [testenv.lint]节

[testenv.lint]节的语法与[testenv]并无二致，只不过要运行的命令不一样。这里不再一一解释。

第 8 章
版本控制——基于 Git 和 GitHub

8.1　版本控制的意义

本书编者还在研究生阶段时，经历过一个刻骨铭心的窘境：那日凌晨 2 点，我们研发的系统将要在 6 小时后交付给近 20 名使用者使用，而这些使用者将使用我们的软件判定近 1 万人青年人的前途。就在这个时候，我们发现之前通过了测试、已经打包好的版本，在清理磁盘空间时被删除了；但在那个版本之后，我们又改动了一些代码。这些改动包含了功能增强、小 bug 的修复，大约是一天多的工作量，这些改动了的版本由于未经测试，不能发布。

今天的程序员很难理解这为什么会是问题。但在当时，由于缺乏版本管理工具（cvs 推出没有几年，还刚刚进入国内，在校园里的我们并不了解），我们面临十分尴尬的局面：既没有现成可发布的软件，也没有一种办法能轻易地让代码回滚到通过测试的那个版本，从而构建出一模一样的软件版本。

那是一个痛苦的夜晚。一些人开始准备善后方案，我们则带着愧疚的心情，努力让代码尽可能地回滚到通过测试的那个版本的状态。

如果有 CI/CD，这种失误几乎不可能发生。如果有版本控制，即使发生了这种失误，纠错代价也会小很多。

版本控制系统（Version Control System，VCS）是一种记录一个或若干文件内容变化，以便将来查阅特定版本修订情况的系统。在本书写作时，编者就使用了版本控制，包括正文内容和附带源码。

如果你是一名图形设计师或网页设计师，可能需要保存某一幅图片或页面布局文件的所有修订版本（这或许是你非常渴望拥有的功能），采用版本控制系统是一个明智的选择。有了它，你就可以将选定的文件恢复到之前的状态，甚至将整个项目都回退到过去某个时间点的状态，你可以比较文件的变化细节，查出最后是谁修改了哪个地方，从而找出导致怪异问题出现的原因，又是谁在何时导致了某个功能缺陷等。使用版本控制系统通常还意味着，就算把整个项目中的文件改得较乱，也照样可以轻松恢复到原先的样子。

回到作者读研的那个年代，许多人习惯用复制整个项目目录的方式来保存不同的版本，或许还会在名称上加备份时间以示区别。这么做唯一的好处就是简单，但是特别容易混淆所在的工作目录，或者写错文件名，或者覆盖其他的文件。

为了解决这个问题，人们很久以前就开发了许多种本地版本控制系统，大多都是采用某种简单的数据库来记录文件的历次更新差异。在这个时期最流行的版本控制系统可能是 RCS（Revision Control System）。其工作原理是在硬盘上保存补丁集（补丁是指对于大型软件系统在使用过程中暴露的问题而发布的解决问题的小程序）；通过应用所有的补丁，可以重新计算出各个版本的文件内容。

RCS 的缺点是它不支持分支操作（后面详细介绍什么是分支操作），加上它只能管理本地文件，无法支持多人协作。因此又产生了 C/S 架构的集中化版本控制系统（Centralized Version Control System，CVCS），比如 CVS[①]、Subversion 以及 Perforce。这些系统的基本原理是，有一个单独的服务器充当集中式的文件存储和版本库，所有的文件都必须通过这台服务器来访问，这样就可以有效地控制谁可以干什么事情。CVCS 的缺点是必须联网才能工作，如果在局域网环境下搭建服务器，还需要一台 24 小时开机的计算机作为服务器，而且所有的文件都必须通过这台服务器来访问，这样就会造成访问速度的瓶颈。

为了解决这些问题，人们又开发了分布式版本控制系统（Distributed Version Control Systems，DVCS）。比如 Git、Mercurial、Bazaar 等。DVCS 的基本原理是，每个开发者的计算机上都是一个完整的版本库。当某个开发者克隆了某个项目后，就拥有了这个项目的完整历史版本。如果在本地做了一些修改，想要与其他人分享，只需要把本地的版本库推送到服务器上即可。此后，其他人就可以从服务器上抓取最新的版本到本地，然后与自己的修改进行合并，再推送到服务器上。这就形成了一个分布式的协作开发模式。

在本书中只介绍 Git 这一种版本控制系统。

8.2 版本管理工具 Git

Git 诞生于 2005 年，它的开发者同时也是 Linux 操作系统的缔造者 Linus Torvalds。它性能优越，适合管理大项目，有着令人难以置信的非线性分支管理系统，是目前世界上最流行的代码管理系统之一。

Git 在接口上基本延续了大多数版本控制系统的概念和 API，但在底层设计上却风格迥异，从而成就了它强大的引擎。它的主要特点如下。

1）直接记录快照，而非差异比较。其他版本控制系统将不同版本之间的差异提取为增量进行记录，当要提取最新文件时，需要从最初始的版本开始，把找到最新的版本之间的所有差异全部合并起来。早期计算机存储资源比较宝贵，因此前几代的版本控制系统采用这种

---

① CVCS 是一种版本控制系统的原理，CVS 是它的一个实现。

设计，可以减少对存储资源的占用。Git 则反其道而行之，它把文件当作是对特定文件某一时刻的快照。每次提交更新或者保存项目的当前状态，Git 都会对当时的全部文件制作一个快照并保存这个快照的索引。Git 的这种设计使得 Git 非常适合处理大型项目，而且速度非常快。

2）几乎所有的操作都是本地执行。Git 的设计目标之一就是保证速度。Git 的主要操作都只需要访问本地文件和资源，几乎所有的信息都可以在本地找到，所以 Git 非常快。Git 的另一个设计目标是能够可靠地处理各种非线性的开发（分支）历史。Git 的分支和合并操作非常高效。

3）Git 的完整性保证。Git 中的所有数据在存储前都计算校验和，然后以校验和来引用。这意味着，Git 在存储和传输数据时，会自动发现数据的损坏。

4）追加式操作。执行的 Git 操作，几乎只往 Git 数据库中添加数据。也就是说，Git 几乎不会执行任何可能导致文件不可恢复的操作。这使得使用 Git 成为一个安心愉悦的过程，因为我们深知可以尽情做各种尝试，而没有把事情弄糟的危险。

接下来，将按照 Git 的使用场景的顺序，由浅入深地介绍 Git 命令及其使用技巧。

8.2.1　创建 Git 仓库

Git 仓库（也称存储库）是项目的虚拟存储。它允许用户保存代码的版本，用户可以在需要时访问这些版本。

通常有两种方式来创建 Git 仓库，取决于用户的开发工作是如何开始的。不过，在正式介绍之前，先看一个最基础的设置命令。

当在某台机器上（或者某个工程中）初始使用 Git 时，要做的第一件事就是设置用户名和邮箱地址。这些信息在每次提交时都会用到。

```
$ git config --global user.name "John Doe"
$ git config --global user.email johndoe@example.com
```

这里使用了--global 选项，如此一来，在同一台机器上仅需配置一次，所有的项目都将复用这个设置。但如果同时为多个项目工作，并且希望在不同的项目中使用不同的用户名和邮箱地址，就不要使用这一选项，这些配置将会被写入到当前项目的.git/config 文件中，而不会影响到其他工程。当然，项目的配置必须等到项目仓库设置完成之后才可以进行。

现在创建一个本地仓库。

1. 创建新的本地仓库：git init

要创建新的存储库，使用 git init 命令。git init 是在新存储库的初始设置期间使用的一次性命令。执行此命令将.git 在当前的工作目录中创建一个新的子目录。这也将创建一个新的主分支。

此示例假设已经有一个项目文件夹，希望把它加入 Git 的版本控制。需要先进入该项目的根目录，再运行 git init 命令。

```
$ cd /path/to/your/project/root
$ git init
```

这将创建一个名为.git 的子目录。这个子目录含有 Git 仓库中所有的必需文件，这些文件是 Git 仓库的骨干。但是，在这个时候仅仅是做了一个初始化的操作，项目中的文件变化还没有被跟踪（当从远程仓库克隆时，所有的文件变化都已经被跟踪了）。

2．克隆现有存储库：git clone

如果项目已经在中央存储库中建立起来，克隆命令是获取版本的最常用方式。

假设 GitHub 是服务器，需要把本书在 GitHub 上的仓库克隆到本地：

```
$ git clone git@github.com:zillionare/best-practice-python.git
```

这将在当前目录下创建一个名为 best-practice-python 的文件夹，所有的文件和 Git 信息都将保存在这个文件夹下。

除了上述方式，还可以使用 https 协议来克隆：

```
$ git clone https://github.com/zillionare/best-practice-python.git
```

或者使用 GitHub CLI 来克隆：

```
$ gh repo clone zillionare/best-practice-python
```

GitHub CLI 有着强大的功能，通过它可以实现许多自动化工作，我们将在稍后介绍。

8.2.2 建立与远程仓库的关联：git remote

如果本地仓库是通过 git clone 命令建立起来的，那么它就已经和远程仓库建立了关联。如果本地仓库是通过 git init 命令建立起来的，还需要通过 git remote 命令来建立这种关联，以便后续可以将本地仓库的改动推送到远程服务器上。

如果你是第一个为该项目创建仓库的人，那么很可能你还需要登录到服务器上，创建一个空的中央仓库。如果你是一个团队的一员，那么你可能已经有了一个中央仓库，此时你需要知道它的 URL。

GitHub、GitLab、Bitbucket 这些代码托管平台都提供了 Web 界面，用户可以登录到 Web 界面上进行操作。如果使用的托管平台是 GitHub，还可以使用它的命令行工具 GitHub CLI 来进行操作。

以下命令将在 GitHub 上创建一个公开的仓库，名为 sample。在很多场合下，这个名称也被称为 project_slug（在本例中为 sample）。

```
$ gh repo create sample --public
```

显然，上述命令在执行前是需要鉴权的。

现在有了远程仓库，也得到了它的 URL，就可以来建立本地仓库与远程仓库之间的关联了：

```
# 请将下面语句中的{{github_user_name}}替换为你的 GitHub 用户名，{{project_slug}}为你的项目名
# 比如，git remote add origin git@github.com:zillionare/sample.git
$ git remote add origin git@github.com:{{github_user_name}}/{{project_slug}}.git
```

这个命令还为远程仓库定义了一个别名，即 origin。这个别名可以是任意的，比如，既然服务器使用了 GitHub，也可以将别名声称为 GitHub。不过，origin 是 Git 的默认别名，因此多数人都使用这个别名。定义了别名之后，就可以在其他命令中使用别名来代替远程仓库的地址，从而使命令变简洁。

8.2.3 保存更改：add、commit、stash 等

当修改了工作区的一些文件（包括新建文件、修改文件内容和删除文件）时，需要将更改保存到版本控制系统，或者暂时贮藏起来。这就需要 add、commit 和 stash 等命令。

```
# 将根目录下的文件及文件夹递归地加入跟踪，暂存模式
$ git add .
# 进入提交状态
$ git commit -m 'initial project version'
```

此时运行 git branch -v 命令会发现，已经处于 main 分支上，而且已经有了一个 commit。如果分支名是 master，建议运行以下命令，将其改为 main：

```
$ git branch -M main
```

提示：

从 2022 年 10 月 1 日起，GitHub 上创建的新的代码仓库的默认分支都是 main，而不是之前的 master。上述更名操作，正是为了保持与 GitHub 的一致性。

GitHub 将默认分支名从 master 改为 main，主要是受 2020 年 6 月美国的 Black Lives Matter 运动的影响。这个运动的目的是为了反对种族歧视，而 master 这个词，正是从奴隶主的角度来命名的，因此，将其改名为 main，是为了避免这种歧视。

受 Black Lives Matter 运动的影响，除了 GitHub，许多科技巨头和知名软件公司也都调整了自己的业务或者产品。比如，MySQL 宣布删除 master、黑名单、白名单等术语；Linus Torvalds 通过了 Linux 中避免 master/slave 等术语的提案；还有 Twitter、GitHub、微软、LinkedIn、Ansible、Splunk、OpenZFS、OpenSSL、JP Morgan、Android 移动操作系统、Go 编程语言、PHPUnit 和 Curl 等宣布要对此类术语进行删除或更改。

实际上，计算机术语的政治正确性早已不是新鲜话题。2004 年，master/slave 曾被全球语言检测机构评为年度最不政治正确的十大词汇之一。2018 年，IETF 也在草案当中指出，要求开源软件更改 master/slave 和 blacklist/whitelist 两项表述。如果我们的软件是面向全球的，那么应该尽量避免使用这些术语，以免造成不必要的误解。

读者可能已经注意到，将变更记录到 Git 系统中的步骤不止一步。实际上，Git 中的很多操作都是多阶段的，常常会经历一个修改、暂存、提交和推送（push）的过程。在继续介

绍其他场景之前，深入介绍一下相关的三个基本概念：头、索引和工作目录。

1. 头

头（HEAD）是当前分支引用的指针，它总是指向该分支上的最后一次提交，是下一次提交的父结点。在某些场景下，也可以把 HEAD 看作是分支的代名词，它是执行 git commit 命令后变更要去往的地方。

2. 索引

当调用 git add 命令时，会把变更记录到索引区，再从这里把变更提交到分支。

3. 工作目录

HEAD 和 Index 会以一种高效但并不直观的方式，将它们的内容存储在.git 文件夹中。而工作目录（Working Directory，也叫工作区）会将它们解包为实际的文件以便编辑。可以把工作目录当作沙盒。在将修改提交到暂存区并记录到历史之前，可以随意更改。

图 8-1 展示了这三个概念的关系。

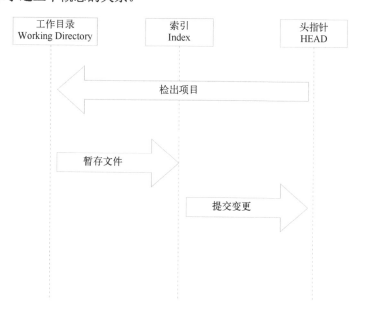

图 8-1　工作目录、索引和头指针的关系

下面结合命令和图示来解释变更的流动。

```
$ git status
On branch main
Your branch is up to date with 'origin/main'.
Changes not staged for commit:
  (use "git add <file>..." to update what will be committed)
  (use "git restore <file>..." to discard changes in working directory)
        modified:   README.md
no changes added to commit (use "git add" and/or "git commit -a")
```

status 命令显示文件处在工作区（Working Directory），还没进入到暂存区（Staging Area）。

此时在 VS Code 面板中可以看到 README.md 文件出现在 Changes 类别下，如图 8-2 所示。

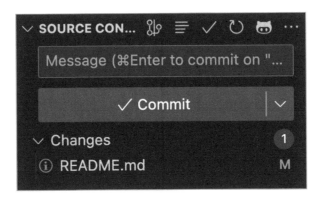

图 8-2　处在工作区的文件

可以通过 git add 命令将 README.md 文件添加到暂存区，然后再次查看状态：

```
$ git add README.md
$ git status
On branch main
Your branch is up to date with 'origin/main'.
Changes to be committed:
  (use "git restore --staged <file>..." to unstage)
        modified:   README.md
```

status 提示 README.md 还没有提交（此时文件处在暂存区中）。

此时在 VS Code 面板中可以看到 README.md 文件出现在 Staged Changes 类别下，如图 8-3 所示。

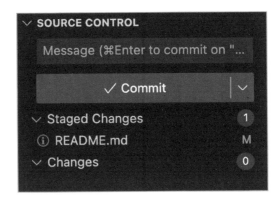

图 8-3　处在暂存区的文件

接下来，提交到本地仓库，并再次查看当前状态：

```
$ git commit -m "update README.md"
$ git status
On branch main
Your branch is ahead of 'origin/main' by 1 commit.
  (use "git push" to publish your local commits)
nothing to commit, working tree clean
```

现在，三个区域的状态完全一致。但提示本地分支领先远程 main 分支一个提交。即刚刚提交的变更还没同步到远程服务器。此时刚执行的提交可以在 COMMITS 类别下找到。

如图 8-4 所示，此时在 VS Code 面板中，SOURCE CONTROL 类别下已清空，只出现了一个 sync changes 的按钮。一旦单击此按钮，刚提交的变更会发布到远程服务器上。

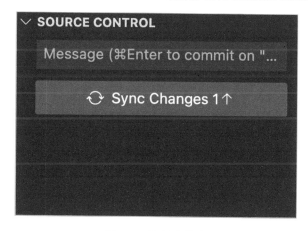

图 8-4　待同步状态

有时候会遇到这样一种情况，你在某个分支上已经工作了一段时间，但还没有到可以提交的程度，此时又被分配了另一个紧急任务，你不得不切换到另一个分支上紧急处理。这时候就需要将当前工作区的变更暂时贮藏起来，然后再切换到另一个分支上处理紧急任务。等紧急任务处理完毕后，再切换回原来的分支，把贮藏的变更激活，继续原来的工作。

这种情况下，就需要用到 stash 命令。下面先介绍 git stash 命令行模式的一些例子，然后再介绍如何从图形界面来使用它。

```
# 贮藏当前未提交的变更
$ git stash
Saved working directory and index state \
  "WIP on master: 049d078 added the index file"
HEAD is now at 049d078 added the index file
(To restore them type "git stash apply")
# 查看所有的贮藏
$ git stash list
stash@{0}: WIP on master: 049d078 added the index file
```

```
stash@{1}: WIP on master: c264051 Revert "added file_size"
stash@{2}: WIP on master: 21d80a5 added number to log
# 应用最近的贮藏，但不删除它
$ git stash apply
On branch master
Changes not staged for commit:
  (use "git add <file>..." to update what will be committed)
  (use "git checkout -- <file>..." to discard changes in working directory)
    modified:   index.html
    modified:   lib/simplegit.rb
no changes added to commit (use "git add" and/or "git commit -a")
# 应用最近的贮藏，并删除它
git stash pop
# 直接删除最近的贮藏
git stash drop
```

当应用贮藏时，贮藏中的变更会被应用到当前的工作区，此时可能发生代码冲突，需要手动解决。在上述命令中，没有指定要操作的贮藏的名字，所以操作的目标都是最近的贮藏。也可以在操作时指定 stash 的名字。

在 VS Code 的 Gitlens 扩展中，可以在 Changes 选项下单击 Stash All Changes 按钮，将当前的变更贮藏，如图 8-5 所示。

图 8-5　Stash 按钮

图 8-5 中，圆圈内的按钮即 Stash All Changes 按钮。单击它，就可以将当前的变更贮藏起来了。可以在 STASHES 选项下查看所有的贮藏，如图 8-6 所示。

图 8-6　查看所有的贮藏

单击 Apply Stash 按钮，在弹出来的下拉列表中（如图 8-7 所示）有两个选项，一个是只应用，不删除该贮藏；另一个是应用并删除该贮藏。

图 8-7　Apply Stash 下拉列表

最后介绍一下.gitignore 文件。有一些文件我们并不想 Git 进行跟踪，比如 IDE 产生的临时文件、日志文件，以及涉及密码的文件（比如.env）等。这些文件可以在.gitignore 文件中进行配置，Git 就会忽略这些文件。

.gitignore 文件的每一行都是一个符合 glob pattern[①]的字符串匹配模式。被该模式匹配的文件（或者文件夹），将不会被 Git 跟踪。可以手动编辑这个文件，但一般使用相关的扩展来协助管理此文件。

8.2.4　与他人同步变更：git push 和 git pull

前面的操作只是把变更记录在本地的 Git 系统中，为了使得这些变更能为他人所见，需要把这些变更推送到远程仓库中。

```
$ git push -u origin main
```

-u 参数是为了将本地的 main 分支与远程的 main 分支关联起来，在以后的推送或者拉取 main 分支时，就可以进一步简化命令：

```
# 当不指定分支名时，Git 会使用当前分支
$ git push
# 从远程仓库拉取其他人所做的变更
$ git pull
```

注意，本地仓库与服务器关联的命令（即 git remote add）只需要执行一次，而每次创建了新的分支后，都要在第一次往该分支推送变更时执行 git push -u ...命令，在推送的同时完成本地分支与远程分支的绑定。一旦绑定完成，在随后的推送（或拉取）动作中，就可以省略-u 参数。

8.2.5　Git 标签

随着开发的进行，终有一天，会到达某个重要的节点，比如某个版本完成，此时会给仓库的某个状态打上标签，方便回溯。这就需要用到 Git 标签的一系列命令。

---

① glob pattern: https://en.wikipedia.org/wiki/Glob_(programming)。

```
01  # 列出所有的标签
02  $ git tag
03  v0.9
04  V1.0
05  # 有筛选地列出标签
06  $ git tag --list "v1.0.*"
07  v1.0
08
09  # 创建标签：使用-a 选项指定标签名，-m 指定标签的描述文字
10  $ git tag -a v1.4 -m "my version 1.4"
11  $ git tag
12  v0.9
13  v1.0
14  v1.4
15  $ git tag -a v1.5 -m "my version 1.5"
16  $ git tag
17  v0.9
18  v1.0
19  v1.4
20  v1.5
21
22  # 查看标签信息
23  $ git show v1.5
24  tag v1.5
25  Tagger: zillionare
26  Date:   Mon Jan 23 15:10:55 2023 +0800
27  second
28  commit 57eb735f513c753e49b2fe3005ccfa9b3412762d (HEAD -> main,tag: v1.4,tag: v1.5, origin/main)
29  Author: zillionare
30  Date:   Mon Jan 23 10:19:28 2023 +0800
```

这里解释下标签究竟意味着什么。前面说过，创建标签是给仓库的某个状态打上标记的动作。在上面示例中的第 10 行和第 15 行，在没有任何新的提交的情况下，连续创建了两个不同的标签。考虑到仓库是一个线性的提交历史，那么这两个标签究竟指向了什么呢？第 23 行的命令输出显示了这两个标签指向了同一个提交，即 57eb。这两个标签关联的都是 57eb 提交之后的仓库状态。这也说明标签与提交本身不是一对一的映射，而是多对一的映射。

既然标签是指向提交的，那么是不是可以为过去的某个状态追加标签？确实可以这样做：

```
# 假设又向仓库执行了若干次提交之后，发现需要对 57eb 这个提交打上标签
git tag -a v1.6 57eb -m "my version 1.6"
```

提示：

前面讲过，在 Git 中，许多对象的标识符都是一个 hash 字符串。每一次提交的标识符也

是一样，它是基于 SHA-1 算法的一个 40 字节的 hash 字符串。

在上面的命令示例中，使用了提交（commit）的 hash 字符串的前 4 个字节来代替整个 hash 字符串。在 Git 中，可以使用提交的 hash 字符串的前若干个字节来代替整个 hash 字符串，只要它是唯一的并且不少于 4 个字节。

也许你会感到好奇，如果一个项目足够大，commit id 发生 hash 碰撞的概率就会变大，那么最终可能要使用多少个字节，才能唯一地确定一个 hash 字符串呢？Linux 的内核是一个相当大的 Git 项目，截至 2019 年 2 月，共记录了超过 875 000 个提交，通过计算得知，最少需要 12 个字符才能保证唯一性。

前面讲过，几乎所有的 Git 操作都是多阶段的，创建标签来说也是一样的。当执行 git tag -a 命令时，只在本地仓库创建了这个标签，仍然需要把它同步到远程服务器上：

```
# 一次性地将所有标签推送到远程
$ git push origin -tags

# 仅推送特定标签
$ git push origin v1.6
```

也有可能需要删除标签，这也是一个两阶段的操作。

```
# 从本地删除 v1.4 标签
$ git tag -d v1.4

# 从远程删除 v1.4 标签。这一步与上一步可以独立运行
$ git push origin --delete v1.4
```

标签创建以后，使用到该标签的常见操作是检出这个标签指向的文件版本，比如在 CI 服务器上检出这个版本构建（build）。此时可以使用 git checkout 命令：

```
git checkout v1.4
```

如果签出某个标签的目的是进行修改，注意这种情况下应该为这个检出创建一个新的分支。然后就可以在这个工作区中进行修改，然后推送到服务器上。如果不创建新的分支，而直接对签出到工作区的代码进行修改，会导致仓库处于"分离头指针"（Detached HEAD）的状态。在这种状态下，可以进行修改，但无法提交，也就是说，这些修改最终会丢失。

至此，我们基本上接触了 Git 中的全部基础操作，包括如何创建仓库，跟踪变更，提交变更，与远程服务器同步，并且创建标签以记录开发中的重要时刻。还有一些查错性质的操作没有介绍，比如查看日志（git log），读者可以自行了解。另外，在掌握 Git 的工作原理之后，更倾向于通过图形界面来管理 Git 仓库，因此像查看变更历史这样的操作，也可以通过图形界面来进行。

然而，Git 中真正高级的技巧都与分支相关，这也将是接下来要讲述的内容。

8.3　分支管理

几乎所有的版本控制系统都以某种形式支持分支。使用分支意味着可以进行多个功能（或者热修复）的并行开发，换言之，可以实现多人同时开发，或者一个人同时跟进几个功能的开发，而代码最终还能比较容易地合并起来。

有人把 Git 的分支模型称为它的"必杀技特性"。因为与其他版本管理工具相比，Git 处理分支的方式可谓是令人难以置信的轻量，创建新分支这一操作几乎能在瞬间完成，并且在不同分支之间的切换操作也非常便捷。与许多其他版本控制系统不同，Git 鼓励在工作流程中频繁地使用分支与合并，哪怕一天之内进行许多次。

Git 的分支管理能做到如此优秀，根源还在于它的底层设计。前面讲过，Git 与其他软件不同，Git 保存的不是文件的变化或者差异，而是一系列不同时刻的文件快照。它的特征是以存储空间来换取时间（性能）的。

直到现在，我们都没有赋予分支一个清晰完整的定义。可以这样来理解分支：假设我们正在开发一个博客网站，开发小组有 4 个人，功能模块有持久化与缓存模块、文档对象抽象模块、主题与展示模块、评论管理模块等。如果每个人负责一个功能模块，那么效率最高的开发模式应该是每个人都在自己的分支上独立开发，完成自己模块的单元测试，再合并到一个共同的分支（比如 develop）上进行集成测试。当集成测试完成时，再合并到 main 分支上完成版本发布，接下来进入下一个功能迭代。

此外，我们还会遇到这样的情况：网站的 1.0 版本发布后，已经开始了新的功能开发，但有紧急的漏洞需要修复，这时需要切换到线上的分支（即 main 上面的某一个标签），创建一个 hotfix 分支，修复漏洞，测试和发布，最后合并到 main 分支，以及集成分支（develop）上。

上述开发场景是比较典型的一个场景。2010 年，Vincent Driessen 将其抽象成一个工作流模型（如图 8-8 所示），在此后的 10 多年中，该模型得到了广泛的认可。Bitbucket 是由著名的 Atlassian 公司出品的支持 Git 版本库托管服务，也在其官方文档中推荐了这个模型。Vincent 还基于这个模型开发了 Git 的扩展 Gitflow[①]，以帮助人们更好地运用这个模型。到目前为止，这个项目在 GitHub 上获得了超过 2.6 万的星数。

在这个模型中，服务器上始终存在两个分支，即 main 分支（原图中的 master）和 develop 分支。main 分支的 HEAD 指针应该指向已发布产品构建时的状态，也就是说，我们应该随时可以使用 main 构建出一份可用的产品出来。develop 分支可以认为是一种集成分支，它的 HEAD 指针应该反映出下一个发布的最新开发状态。这也是用来制作夜间构建（nightly build）的分支。

---

① Gitflow: https://github.com/nvie/gitflow。

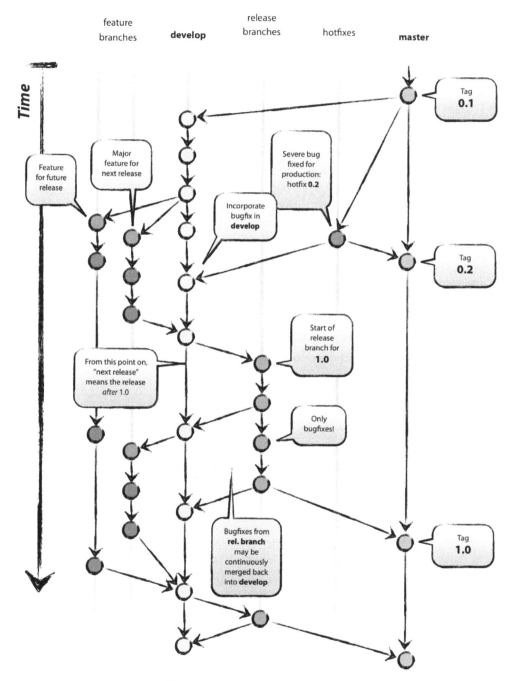

图 8-8　Driessen 推荐的工作流模型

　　当 develop 分支上的代码达到某个稳定的状态，已经准备好发布时，所有的这些变更都应该合并到 main 分支上，并且打上带版本号的标签。从定义上来讲，每次有变更合并到

main 分支时，都应该产生一个新的发布版本。因此，往 main 分支上做合并应该非常严格，需要使用钩子来保证 CI 过程自动构建软件和测试并完成部署（或者向 PyPI 发布）。

如果开发者是一个团队，显然，从 develop 分支往 main 分支上的合并，应该是 develop lead 的工作。

除了 main 和 develop 分支之外，还会有一系列的辅助分支，它们只会临时存在，并且最终会被移除掉。这些分支是：

1）功能分支（Feature Branch）。

2）发布分支（Release Branch）。

3）热修复分支（Hotfix Branch）。

这些分支都有自己的特定目标，因此，它们的来源和最终的合并去向也遵循严格的规则。

8.3.1　功能分支

功能分支是从 develop 分支上创建出来的，用来开发某个新功能。当功能开发完成时，需要合并回 develop 分支。可以使用 {{feature_name}}/{{developer}} 来命名分支。这里 feature_name 是功能的名字，developer 是团队中负责这个功能的开发者。当然，如果功能只有一个人负责开发，也可以省略 developer 这一部分。

应该这样创建一个功能分支：

```
git checkout -b feature_name/developer_name develop
```

在开发的过程中，应该及时把变更提交并推送到远程服务器上，以避免代码丢失，也方便其他人进行代码检查（Code Review）。当功能开发完成时，应该及时把变更从功能分支合并回 develop 分支，并删除功能分支。以下是操作命令示例：

```
01  $ git checkout develop
02  Switched to branch 'develop'
03
04  $ git merge --no-ff myfeature
05  Updating ea1b82a..05e9557
06  (Summary of changes)
07
08  $ git branch -d myfeature
09  Deleted branch myfeature (was 05e9557).
10
11  $ git push origin develop
```

这里的命令用来描述工作流程，实际上，在操作时更倾向于使用 Gitlens 的图形化界面来操作。注意第 4 行的 --no-ff 选项。这个选项的作用是，让用户在 develop 分支上仍然看到一个完整的历史记录，包括曾经存在一个 feature 分支，以及哪些提交构成了一个 feature 分支。图 8-9 对比了是否使用该选项的差异。

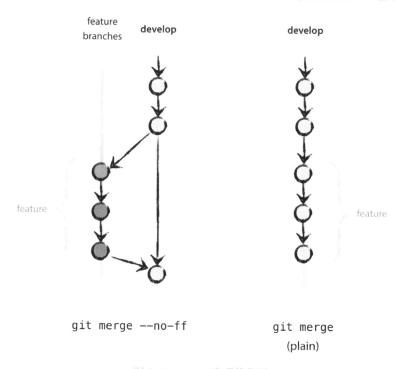

图 8-9 --no-ff 选项的作用

图 8-9 右图显示了一个普通的合并（即没有指定--no-ff 选项），在这里看不出来哪些提交构成了一个功能（除非检查日志），更不用说 feature 分支的存在了。另外，在第二种情况下，回滚整个功能也会是令人头疼的事。

8.3.2 发布分支

发布分支用来准备一个新的发布，用以完成正式发布前的每一个细节。这个分支允许小的补丁和一些 meta-data 的变更（比如版本号、构建日期等）。一旦发布分支被创建，develop 分支就可以继续开发下一个版本的功能了。当发布完成，需要合并回 develop 分支和 main 分支。分支名一般使用 release-*。

从 develop 分支迁移到发布分支应该发生在将所有功能都合并到 develop 分支之后，而任何不属于此次发布的功能，则绝对不应该在此前进入到 develop 分支。

只有在创建 release 分支时，才应该确定版本号。创建 release 分支的命令是（假设之前的版本是 1.1.5，最新的版本定为 1.2）：

```
$ git checkout -b release-1.2 develop
Switched to a new branch "release-1.2"

$ poetry version 1.2
Files modified successfully, version bumped to 1.2.
```

```
$ git commit -a -m "Bumped version number to 1.2"
[release-1.2 74d9424] Bumped version number to 1.2
1 files changed, 1 insertions(+), 1 deletions(-)
```

当 release 分支最终稳定下来且可以发布时，应该把 release 分支合并到 main 分支，并打上一个标签。这个标签的名字应该和版本号一致（一般以 V 开头）。最后，将 release 分支合并到 develop 分支上，即把所有的变更带入到下一个版本中。

合并 release 分支到 main 分支的命令是：

```
$ git checkout main
Switched to branch 'main'

$ git merge --no-ff release-1.2
Merge made by recursive.
(Summary of changes)

$ git tag -a 1.2

$ git checkout develop
Switched to branch 'develop'

$ git merge --no-ff release-1.2
Merge made by recursive.
(Summary of changes)
```

最后，鉴于 release 分支上所有的变更都已合并到了 main 和 develop 分支，因此，没必要保留 release 分支了，现在应该删除这个分支：

```
$ git branch -d release-1.2
Deleted branch release-1.2 (was ff452fe).
```

8.3.3 热修复分支

热修复分支从 main 分支上分出来，用来修复线上的漏洞。当修复完成后，需要合并回 main 分支和 develop 分支。分支名一般使用 hotfix-*。

热修复分支的主要作用是使得在 develop 分支上的开发者不受影响，而其他人则可以快速修复线上的漏洞。具体的操作命令与前面的示例大同小异，这里不再赘述。不过需要提醒的是，同样要给热修复分支分配版本号并打上标签。

如果在进行热修复时，已经存在 release 分支，此时 hotfix 分支应该合并回 develop 分支还是 release 分支？答案是 release 分支。如果 hotfix 分支被合并到 develop 分支，那么这个 hotfix 分支将只能随下一个版本发布，这是不合理的。因此，hotfix 分支应该合并到 release 分支，最终，它将随 release 分支再合并到 develop 分支中，从而保证进入后续版本。

图 8-10 演示了 hotfix 分支中的变更在各分支之间的流动。

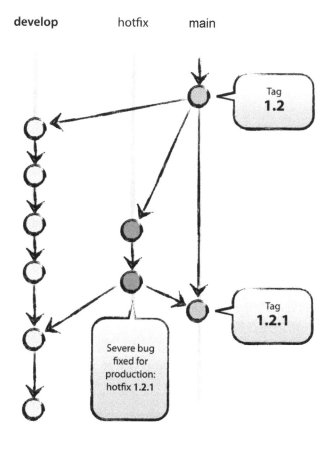

图 8-10　hotfix 分支的工作流

在编写本节内容时，编者较多地参考了 Vincent Driessen 的博客文章 *A successful Git branching model* [①]。这篇文章是 Git 分支模型的经典之作，建议读者做延伸阅读。Vincent Driessen 开发的 Gitflow 工具是 Git 的一个扩展，用来实现上述工作流，这里也推荐安装使用。

8.4　高级 Git 操作

8.4.1　分支合并和三路归并

在第 8.3 节中提及了分支合并（merge）这个概念，但没有具体讲如何操作。本节将以 hotfix 分支的发布为例，介绍分支合并与三路归并（3-way Merge）操作。

假设我们的产品已经发布了 1.1，现在团队正在开发 1.2 版本。在开发过程中，线上版本发现了一个严重的漏洞（在 tracker 系统中编号为 533），需要立即修复。按照 Gitflow 的模

[①] Vicent Driessen 的博客：https://nvie.com/posts/a-successful-git-branching-model。

型，应该从 main 分支上切出一个 hotfix_533 分支，修复漏洞后，再合并回 main 分支和 develop 分支。

图 8-11 展示了创建 hotfix_533 分支时相关分支的状态图。

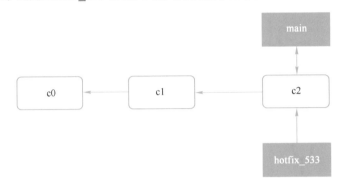

图 8-11　hotfix_533 分支创建时的状态

当修复完这个漏洞后，产生了一个新的提交，记为 c3，它的父结点是 c2。这个提交发在 hotfix_533 分支上，所以还必须将其合并回 main 分支。假设在修复 issue 533 时，线上还发现一个新的漏洞，对应的修复分支记为 hotfix_534。而这个修复完成得更早，产生了记为 c4 的提交，已经合并到了 main 分支。此时，相关分支的状态图如图 8-12 所示。

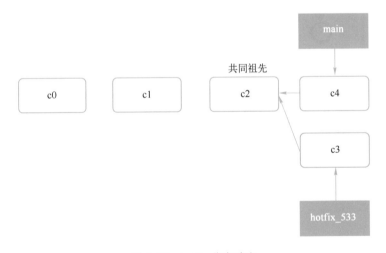

图 8-12　hotfix 分支冲突

如果提交 c4 和 c3 修改互不冲突（比如修改不同的文件，或者修改同一文件的不同行），这样 Git 一般可以直接合并。如果相互冲突，则要手动解决冲突。

先看没有冲突的情况。在前面的例子中都是以 Git 的原生命令，即以命令行的方式来进行演示。但从现在起，更多地使用图形化界面，并提及发生在背后的 Git 命令。

首先，将 c4 从 hotfix_534 分支合并回 main 分支。要先切换到 main 分支，再在如图 8-13

所示的界面中，将鼠标移动到 hotfix_534 项上，再右击弹出快捷菜单。

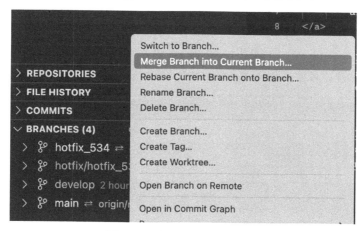

图 8-13 合并 c4 到 main 分支

选择"Merge Brach into Current Branch"命令，在弹出的对话框中，选择"Merge"（对应的命令是 git merge）确认合并，如图 8-14 所示。

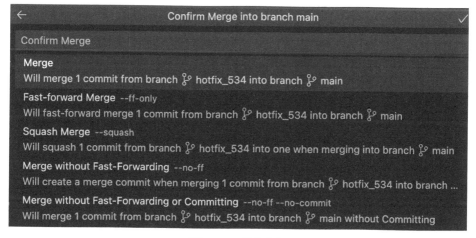

图 8-14 确认合并

前面的例子中一般使用 git merge --no-ff，在本例子中使用了 git merge。这是因为 hotfix 分支属于短生命期的分支。如果当前在 develop 分支上，应该使用 git merge --no-ff，这样可以保留 develop 分支的历史记录。如果希望针对不同的分支，对 merge 动作定制不同的默认行为，可以通过修改 gitconfig 文件来实现，请感兴趣的读者自行研究。

如果 c4 与 c3 相互冲突呢？这种情况被称为三路归并，需要手动解决冲突。从 VS Code 1.69 起，VS Code 提供了三路归并编辑器，大大方便了合并，也终于补齐了它与 PyCharm 之间最大的一块短板。

在 VS Code 的设置中打开相应的三路归并编辑器开关，如图 8-15 所示。

图 8-15　三路归并编辑器开关

此时再执行合并，会看到如图 8-16 所示的界面，提示使用冲突编辑器。

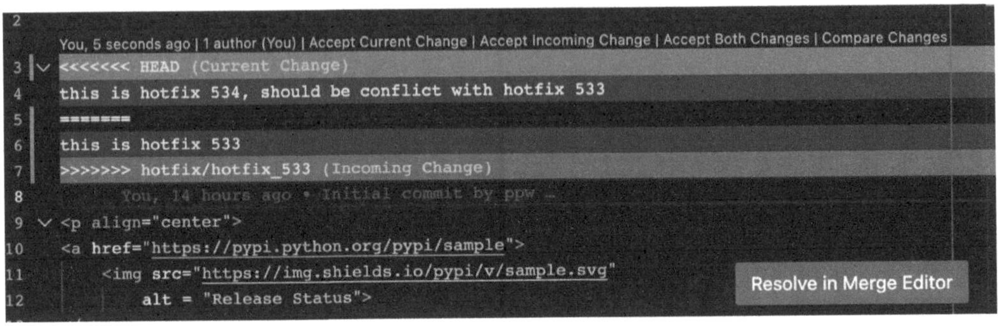

图 8-16　提示使用冲突编辑器

单击 Resolve in Merge Editor 按钮，将显示如图 8-17 所示的三路归并编辑器。

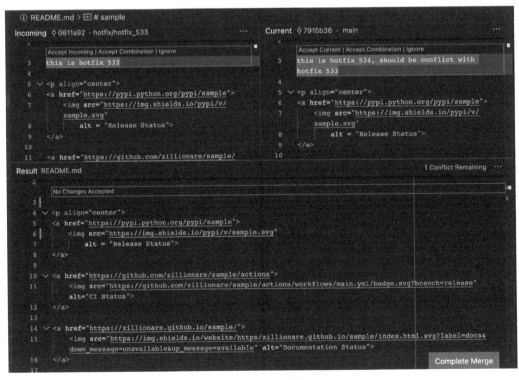

图 8-17　三路归并编辑器

左边的 Incoming 窗格中是 hotfix_533 分支，右边的 Current 窗格中则是 main 分支。两个改动相互冲突时，如果接受 hotfix_533 分支，则可以单击顶部的 Accept Incoming 按钮；如果接受 main 分支，则可以单击底部的 Accept Current 按钮。如果希望保留两个分支的改动，则可以单击中间的 Accept Combination 按钮，将两个修改同时保留。也可以两个修改全部拒绝，这样只需要编辑下面的 Result 窗格中的对应行（图中的第 3 行）就行了。

当一个文件中的所有冲突都被解决之后，单击 Complete Merge 按钮关闭编辑器，完成合并。

8.4.2　变基

变基（Rebase）是另一种合并分支的方式。变基的目的是将一个分支的改动移动到另一个分支上。假设有以下状态（图 8-18）：

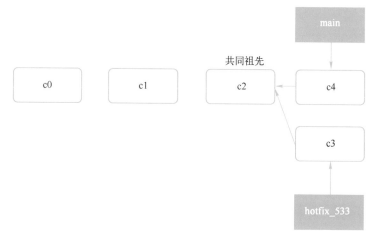

图 8-18　分支状态示例

如果使用 git merge 命令的方法来进行合并，将得到图 8-19。

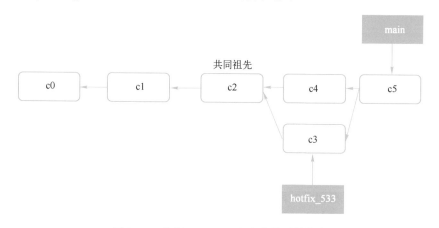

图 8-19　使用 git merge 命令合并后的状态

也可以对 hotfix_533 分支进行变基操作，使得 c3 的父结点从 c2 变为 c4：

```
$ git checkout hotfix_533
$ git rebase main
First, rewinding head to replay your work on top of it...
Applying: added staged command
```

变基更像是一种操作重放，它把 main 分支上在 c2（共同祖先）之后的所有提交，都在 hotfix_533 分支上重新执行了一次，然后在此基础上应用 c3。最后，将 hotfix_533 分支再合并回 main 分支。图 8-20 反映了使用变基操作前后两个分支上的变化和最终状态。

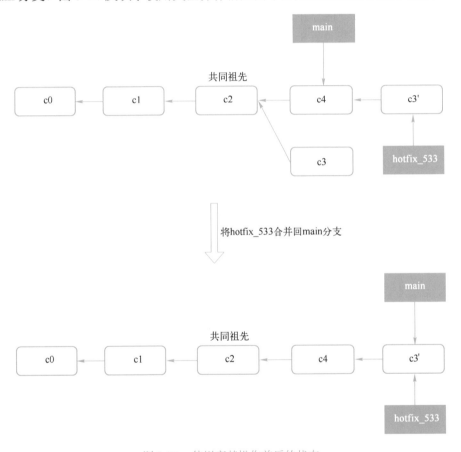

图 8-20 使用变基操作前后的状态

与不使用变基操作相比，进行变基操作之后，分支历史将不会出现分叉，这样可以使得分支历史更加清晰。

至此，已经介绍了变基和合并两种代码合并方法，那么，到底哪种方法更好？两种方法分别在何时使用？实际上，无论使用哪种方法，代码的最终状态都必然是一致的，不同的只是提交历史。

有一种观点认为，仓库的提交历史就是记录实际发生过什么。它是针对历史的文档，本身就有价值，不能乱改。从这个角度看来，改变提交历史是一种亵渎。如果由合并产生的提交历史一团糟，怎么办？既然事实就是如此，那么这些痕迹就应该被保留下来，让后人能够查阅。

另一种观点则正好相反，认为提交历史是项目过程中发生的事。没人会出版一本书的第一版草稿，软件维护手册也是需要反复修订才能方便使用。持这一观点的人会使用变基来编写故事，以方便后来的读者阅读。

现在，回到之前的问题上来，到底合并好还是变基好？这并没有一个简单的答案。Git是一个非常强大的工具，它允许用户对提交历史做许多事情，但每个团队、每个项目对此的需求并不相同，可以根据实际情况进行选择。

不过，要强调的是，变基是一种高级操作，在一些复杂的提交组合下（比如多人协作开发时，有人对已推送的提交进行了回滚），使用变基操作可能会导致意想不到的结果。因此，在深入理解变基的工作原理之前，也可以只使用合并。

8.4.3　分支比较：git diff

在进行代码合并前，常常会在不同的分支间进行比较，以便了解两个分支的差异。它也帮助用户在合并之前就发现有哪些合并冲突。

Git 提供了 git diff 命令来比较两个分支的差异，不仅如此，它还可以比较两个提交之间的差异。下面先简单介绍 git diff 命令行的一些用法，然后跳转到图形化界面。毕竟，图形化界面可以显示出更多的信息。

在调用 git diff 命令时，显然需要给它提供待比较的分支名。这里涉及两点语法和三点语法。前者是两个分支直接比较，后者则会引入共同祖先一起进行比较。

```
# 使用两点语法时，显示的是在后一个分支上的提交，而不是在前一个分支上的提交
$ git diff branch1..branch2
diff --git a/file-feature b/file-feature
new file mode 100644
index 0000000..add9a1c
--- /dev/null
+++ b/file-feature
@@ -0,0 +1 @@
+this is a feature file

# 使用三点语法时，显示的是自共同祖先以来的所有提交的去同子集
$ git diff branch1...branch2
```

现在来看在 Gitlens 扩展中如何比较两个分支。首先，在下面的列表（图 8-21）中，选择要比较的两个分支。

然后在 SEARCH & COMPARE 选项下，查看比较结果（图 8-22）。

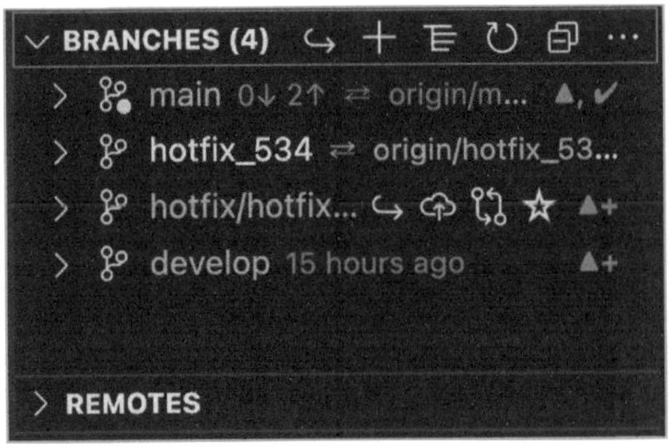

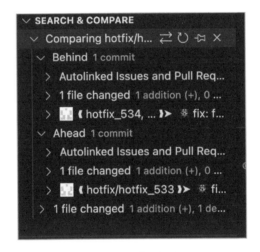

图 8-21　选择要比较的两个分支

图 8-22　查看比较结果

注意到在 "Comparing hotfix/h…" 字符串后面，有一个交换图标。它用来交换 git diff 两点语法中两个分支的顺序。要查看文件内容的变更，可以在 "1 file changed" 选项下找到变化的文件名，然后单击它就可以浏览变更的具体情况了。

8.4.4　reset 与 checkout

前面已经介绍了 checkout 命令，这里再介绍一个类似的命令，即 reset。

要理解 reset 命令，要先回顾一下 Git 的三棵树模型，即工作区、索引区（或称暂存区）和 HEAD。reset 命令的作用是将当前分支指向某个提交，同时重置暂存区和工作区，使它们与指定的提交一致。

假设有如下提交历史：

```
$ git log --oneline
59b6711 (HEAD -> main) test reset
4699b9e (origin/main, develop) Initial commit by ppw
```

```
$ git status
git status
On branch main
Your branch is ahead of 'origin/main' by 1 commit.
  (use "git push" to publish your local commits)
nothing to commit, working tree clean
```

可以看到，当前共有 1 个未推送的提交，即 59b6711。现在还可以重置这个提交：

```
# 重置到上一个提交。注意，这里的 HEAD~ 表示上一个提交，也可以用提交的 hash 字符串
$ git reset --soft HEAD~

$ git status
On branch main
Your branch is up to date with 'origin/main'.
Changes to be committed:
  (use "git restore --staged <file>..." to unstage)
        modified:   README.md
```

现在，将在 VS Code 的侧边栏的 SOURCE CONTROL 的 Staged Changes 类别下，看到出现了 README.md 文件。这相当于取消了 commit 操作。

现在将 README.md 再提交一次，然后再执行 reset 命令：

```
$ git reset --mixed HEAD~
```

这次使用的参数是--mixed，将看到 README.md 文件出现在 Changes 类别下，相当于取消了 commit 和 add 操作。

如果使用--hard 参数来执行 reset 命令，那么还将取消文件的变更本身：

```
$ git reset --hard HEAD~
```

如果不带任何参数，则 reset 命令将执行一个 mixed 操作。

如果从图形界面上执行 reset 操作，大概分以下几步。首先，找到 COMMITS 选项，然后单击要重置的提交（图 8-23），单击 Undo Commit 按钮，这相当于执行了 reset --soft HEAD~命令。

图 8-23　reset --soft HEAD 的图形界面

如果还要取消 stage 操作（即 Undo Add），则可以在 SOURCE CONTROL 选项下找到 Staged Changes，再单击 Unstage All Changes 按钮。同样的操作还可以运用在 Changes 类别下面的文件上，这里不再赘述。

8.4.5 gutter change

在前面介绍暂存操作时都是以整个文件为单位进行暂存的，但是，有时可能应该把某一个文件分为几个不同的批次来添加。这个命令在 Git 中称为交互式暂存（interactive staging）。通过命令行执行比较烦琐，这里介绍 Gitlens 中的 gutter change 功能，如图 8-24 所示。

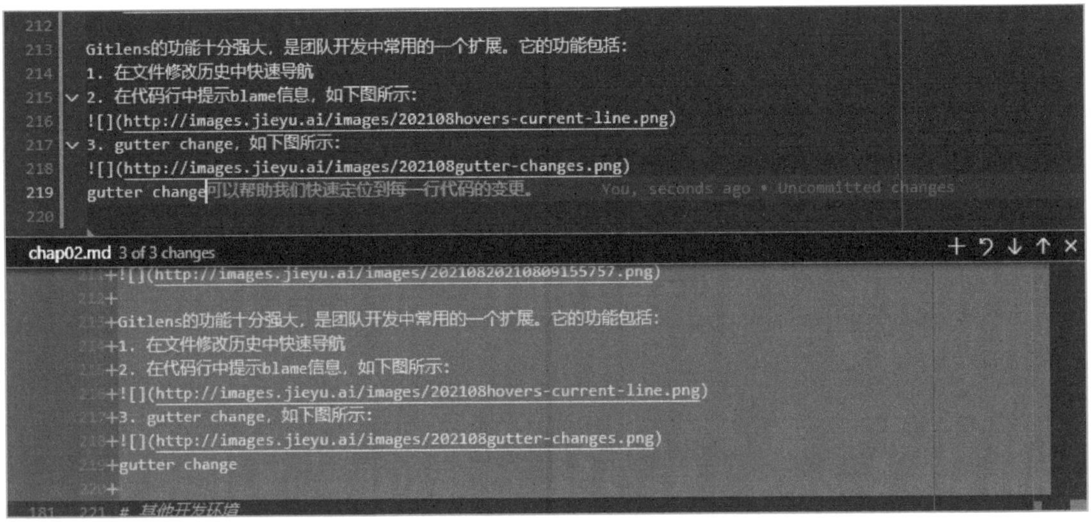

图 8-24　gutter change 功能

如图 8-24 所示，在编辑区行号指示右侧，通过一个线条来指示当前区域存在变更，当单击这个线条时，会弹出一个窗口，显示当前区域的变更历史，并且允许用户仅对这几行变更进行回滚或者提交，这就是 gutter change 功能。

8.5　案例：如何追踪代码变化

假设一组人共同开发一个功能，其中有一个人提交了一个错误的代码，这个错误的代码被合并到了 main 分支，导致了线上的故障。一个紧急的修复版本发布后，漏洞修复了。过了一段时间，团队决定开一个事后分析的会议，希望知道错误是如何引入的，并举一反三，今后避免类似错误。

通常，如果错误代码还留在当前的代码中，显然只要通过 git blame 命令就可以知道是谁提交的。如果安装了 Gitlens，只需要将鼠标移动到该行代码末尾，Gitlens 就会显示该行代码的提交历史，如图 8-25 所示。

图 8-25　行内的 git blame

　　但是，由于已经修复了该错误代码，并且也过去了一段时间，因此该段代码已经从代码中删除了。现在，唯一的线索就是可能是一个错误的字符串引起了这个漏洞。那么，如何通过这个字符串来搜索呢？

　　答案是 git log 命令+git blame 命令。

```
$ git log -S "hotfix 533" -p --all
commit 8e24fd76282a9e876fe3ceed4e95908d4d4300fd (HEAD -> main)
Author: aaron yang <aaron_yang@jieyu.ai>
Date:   Wed Jan 25 20:18:30 2023 +0800
   Test


$ diff --git a/README.md b/README.md
index 8a5ccfb..909d4f6 100644
--- a/README.md
+++ b/README.md
@@ -1,5 +1,6 @@
 # sample


+this is hotfix 533

 <p align="center">
 <a href="https://pypi.python.org/pypi/sample">
commit e5cb519e57d131f23acea92fe46f39a21319a570 (origin/hotfix_534, hotfix_534)
Author: aaron yang <aaron_yang@jieyu.ai>
Date:   Tue Jan 24 20:58:02 2023 +0800
   □ fix: fix


$ diff --git a/README.md b/README.md
index 8a5ccfb..2539c76 100644
--- a/README.md
+++ b/README.md
@@ -1,5 +1,6 @@
 # sample
```

```
+this is hotfix 534, should be conflict with hotfix 533
```

共有两个提交包含字符串"hotfix 533"。我们更关心 8e24 这个提交中的变更是谁引入的，于是使用 git blame 命令来查看该提交的变更历史：

```
$ git blame
8e24fd76 (aaron yang 2023-01-25 20:18:30 +0800  3) this is hotfix 533
```

括号内显示了该行代码的提交者和提交时间。接下来会去问问他，当时引入这行代码的考虑是什么。

8.6 GitHub 和 GitHub CLI

GitHub 是一个在线软件源代码托管服务平台，使用 Git 作为版本控制软件。GitHub 于 2007 年 10 月 1 日开始开发，2008 年 4 月正式上线。在 2018 年，GitHub 被微软公司收购。

GitHub 除了允许个人和组织进行版本管理外，它还提供了某些社交功能，包括允许追踪（Follow）其他用户、组织、软件库的动态，对软件代码的改动和漏洞进行评论等。GitHub 还提供了图表功能，用于显示开发者们怎样在代码库上工作以及软件的开发活跃程度。

截至 2022 年 6 月，GitHub 已经有超过 5700 万注册用户和 1.9 亿代码库（包括至少 2800 万开源代码库）。事实上，它已经成为世界上最大的代码托管网站和开源社区。它托管的巨大源代码库也成为 Copilot 的训练数据集。

除了作为 Git 的托管服务平台外，GitHub 还提供了 GitHub Pages 网页托管服务（可存放静态网页，包括博客、项目文档甚至整本书）、Codespace 在线开发环境和 GitHub Actions CI 等服务。

GitHub 网页版的功能留给读者自己探索。这里主要讲解下 GitHub CLI 的功能和用法。

除了网页之外，GitHub 还提供了一些 REST 风格的 API，现在可以使用的 API 版本称为 V3。通过这些 API，可以管理仓库、访问用户、构建和触发 CI、管理 issue 等。

这些 API 使得我们可以通过 curl 来完成上述功能。GitHub 还基于这些 API 开发了一个命令行工具 GitHub CLI，简称 gh。

8.6.1 安装 GitHub CLI

在 macOS 操作系统下安装 gh，可以使用 brew 命令：

```
$ brew install gh
```

在 Linux 和 BSD 操作系统下安装，如果是 Debian、Ubuntu Linux、Raspberry Pi OS 等基于 apt 的系统，可以使用 apt 安装：

```
type -p curl >/dev/null || sudo apt install curl -y
```

```
curl -fsSL https://cli.github.com/packages/githubcli-archive-keyring.gpg | sudo dd of=
/usr/share/keyrings/githubcli-archive-keyring.gpg \
    && sudo chmod go+r /usr/share/keyrings/githubcli-archive-keyring.gpg \
    && echo "deb [arch=$(dpkg --print-architecture) signed-by=/usr/share/keyrings/githubcli-
archive-keyring.gpg] https://cli.github.com/packages stable main" | sudo tee /etc/apt/
sources.list.d/github-cli.list > /dev/null \
    && sudo apt update \
    && sudo apt install gh -y
```

如果是 Fedora、CentOS、Red Hat Enterprise Linux 这些操作系统，可以使用 dnf：

```
$ sudo dnf install 'dnf-command(config-manager)'
$ sudo dnf config-manager --add-repo https://cli.github.com/packages/rpm/gh-cli.repo
$ sudo dnf install gh
```

如果使用的操作系统不在此列，可以参考 installing gh on Linux and BSD[①]这篇文章。

如果是 Windows 操作系统，可以通过 winget、Scoop、Chocolatey 等包管理工具安装，也可以直接下载安装包[②]安装。

最后，在所有的操作系统上，如果已经安装了 conda，也可以通过 conda 来安装：

```
$ conda install -c conda-forge gh
```

8.6.2　GitHub CLI 的主要命令

GitHub CLI 的主要命令有：

- auth：完成 gh 和 Git 在 GitHub 上的鉴权。
- codespace：连接并管理 Codespace。
- gist：管理 gists，主要是增删改查的一些动作。
- issue：管理 issue，包括查看、编辑、评论、关闭和重新打开、移交等 16 个子命令。
- pr：管理 pull request，包括 checkout、close、diff、edit 等 16 个子命令。
- release：管理版本发布，包括增删改查等 8 个子命令。
- repo：管理存储库，包括克隆、创建、删除、同步等 15 个子命令。
- run：查看、列出、监控最近执行的 GitHub Actions。
- workflow：列出、查看、启用和停止定义中的 Workflow。与 run 相比，相当于程序与进程的关系。
- alias：管理命令别名，或者说是命令的快捷方式。
- config：gh 的设置命令。
- extension：管理 gh 的扩展。
- label：管理仓库中跟 issue 相关的标签。

---

① 如何安装 GitHub CLI：https://github.com/cli/cli/blob/trunk/docs/install_linux.md。

② Windows 下的 GitHub CLI 安装包：https://github.com/cli/cli/releases/tag/v2.22.0。

- search：搜索仓库，issue 和 pr。用法举例：搜索 Python 主题下点赞数最多的仓库。
- secret：管理跟仓库关联的一些机密信息。
- ssh-key：管理 ssh 秘钥。
- status：显示本账号关联的 issue、pull request 状态和最近的活动。

除上面的命令之外，还要专门介绍一下 api 命令。它可以用来发起一个 GitHub API 请求，因为 gh 已经鉴权了，所以这个请求可以免鉴权。gh 支持的命令是有限的，通过 api 命令，可以对 gh 进行扩展，比如，要获取 GitHub 用户列表：

```
$ gh api users
[
  {
    "login": "mojombo",
    "id": 1,
    "node_id": "MDQ6VXNlcjE=",
    "avatar_url": "https://avatars.githubusercontent.com/u/1?v=4",
    "gravatar_id": "",
    "url": "https://api.github.com/users/mojombo",
    "html_url": "https://github.com/mojombo",
    "followers_url": "https://api.github.com/users/mojombo/followers",
    "following_url": "https://api.github.com/users/mojombo/following{/other_user}",
    "gists_url": "https://api.github.com/users/mojombo/gists{/gist_id}",
    "starred_url": "https://api.github.com/users/mojombo/starred{/owner}{/repo}",
    "subscriptions_url": "https://api.github.com/users/mojombo/subscriptions",
    "organizations_url": "https://api.github.com/users/mojombo/orgs",
    "repos_url": "https://api.github.com/users/mojombo/repos",
    "events_url": "https://api.github.com/users/mojombo/events{/privacy}",
    "received_events_url": "https://api.github.com/users/mojombo/received_events",
    "type": "User",
    "site_admin": false
  },
  {
    "login": "defunkt",
    "id": 2,
    "node_id": "MDQ6VXNlcjI=",
    "avatar_url": "https://avatars.githubusercontent.com/u/2?v=4",
    "gravatar_id": "",
    "url": "https://api.github.com/users/defunkt",
    "html_url": "https://github.com/defunkt",
    "followers_url": "https://api.github.com/users/defunkt/followers",
    "following_url": "https://api.github.com/users/defunkt/following{/other_user}",
    "gists_url": "https://api.github.com/users/defunkt/gists{/gist_id}",
    "starred_url": "https://api.github.com/users/defunkt/starred{/owner}{/repo}",
    "subscriptions_url": "https://api.github.com/users/defunkt/subscriptions",
    "organizations_url": "https://api.github.com/users/defunkt/orgs",
    "repos_url": "https://api.github.com/users/defunkt/repos",
    "events_url": "https://api.github.com/users/defunkt/events{/privacy}",
    "received_events_url": "https://api.github.com/users/defunkt/received_events",
```

```
    "type": "User",
    "site_admin": false
  },
  ...
]
```

8.6.3 GitHub CLI 应用举例

GitHub CLI 可以方便用户对账户和仓库执行一些自动化的操作。在 PPW 创建的项目中，有一个名为 repo.sh 的脚本，其中就使用了 GitHub CLI。

当 PPW 生成了框架代码之后，需要把它提交到 GitHub 上。由于此时 GitHub 上还没有这个仓库，必须等用户手动创建，因此这个提交也没法自动化。当使用了 GitHub CLI 之后，这个问题就解决了。

```
# 调用 gh 命令创建仓库
$ gh repo create sample -public

# 由于仓库是 gh 创建的，因此脚本知道远程服务器的 URL
$ git remote add origin git@github.com:zillionare/sample.git
```

另外，通过 GitHub 的 Web 界面来设置仓库的一些机密信息比较烦琐，耗时较长。假设你管理了 10 个以上的仓库，还要定期更换这些机密信息的话就更是如此，可以通过 gh secret 命令来解决这个问题。下面的代码摘录自 repo.sh：

```
gh secret set PERSONAL_TOKEN --body $GH_TOKEN
gh secret set PYPI_API_TOKEN --body $PYPI_API_TOKEN
gh secret set TEST_PYPI_API_TOKEN --body $TEST_PYPI_API_TOKEN
gh secret set BUILD_NOTIFY_MAIL_SERVER --body $BUILD_NOTIFY_MAIL_SERVER
gh secret set BUILD_NOTIFY_MAIL_PORT --body $BUILD_NOTIFY_MAIL_PORT
gh secret set BUILD_NOTIFY_MAIL_FROM --body $BUILD_NOTIFY_MAIL_FROM
gh secret set BUILD_NOTIFY_MAIL_PASSWORD --body $BUILD_NOTIFY_MAIL_PASSWORD
gh secret set BUILD_NOTIFY_MAIL_RCPT --body $BUILD_NOTIFY_MAIL_RCPT
```

在 PPW 生成的项目中，当 CI 运行时，需要有 PyPI 和 test.pypi 的 API key，发布文档时需要 GitHub 的 API key，以及 CI 完成时，需要发送邮件通知，这需要配置相关服务器信息和发件人及收件人等诸多敏感信息。

通过上述脚本，把当前宿主机上的环境变量导入仓库的机密信息中，这样在 GitHub Actions 中就可以直接使用了。这个过程中，既保证了方便性，又保证了机密信息的安全性。

第 9 章
持续集成

当一组开发者共同开发一个项目时，各种冲突似乎不可避免。在第 8 章介绍的分支和 Gitflow 工作流模型，解决了代码冲突的问题。但是，代码合并只能达到表面上的和谐，不同的人开发的代码能否协同工作，最终还得通过测试来检验。

在已经介绍过的开发流程中，开发者在签入代码并推送到远程服务器之前，应该通过 tox 执行的单元测试和代码检查。但是，如果开发者有意忽略这些步骤，不良代码仍然能溜进仓库。此外，尽管虚拟化了测试环境，但在一名开发者机器上通过的测试，仍然有可能不能在另一个环境里运行。比如，可能引入了新的配置项，这些配置项存在于本地环境，但其他人并不知道；或者更改了本地数据库，但相应的变更脚本并没有集成进来，等等。如果只要有新的代码签入，就能在一台公共机器上自动执行所有测试以确保代码正确性，显然可以更早地发现问题，降低后期维护成本。这就是持续集成的意义所在。

提示：

持续集成强调的文化是：Fail fast，fail often（快速失败，经常失败）。但实际上，一旦构建起良好的 CI/CD 流水线和文化，最终得到的将是 Move fast and don't break things（动作要快，不要损坏东西）。

持续集成是一种 DevOps 软件开发实践。采用持续集成时，开发人员会定期将代码变更合并到一个中央存储库中，之后系统会自动运行构建和测试操作。持续集成通常是指软件发布流程的构建或集成阶段，需要用到自动化组件（例如 CI 或构建服务）和文化组件（指组织的流程和规范等，例如学习频繁地集成）。持续集成的主要目标是更快发现并解决缺陷，提高软件质量，并减少验证和发布新软件更新所需的时间。

9.1 盘点 CI 软件和在线服务

我们先来认识一下持续集成领域的头部玩家。Jenkins 是持续集成领域的"老大哥"，

Jenkins 自诞生之日起，至今已发展了近 20 年，社区、生态最为完善。GitLab 最初是基于 Git 的代码托管平台，自版本 8.0 起，开始提供持续集成功能。其优点是与代码仓库无缝集成，原生地支持代码仓库各类事件触发流水线。不足之处是，无论 Jenkins 还是 GitLab，都需要自己搭建服务器，这对于开源项目和个人开发者来说，成本太高了。

构建 CI 服务器是昂贵的。在虚拟机没有广泛应用之前，这个成本就更为昂贵。开发者需要为自己的应用将要部署到的每一种操作系统至少准备一台机器。如果需要把应用部署到 Windows、Linux、macOS 的各个版本，可能就需要准备至少十台机器。虚拟化的出现大大降低了 CI 的成本，随后容器化的出现进一步降低了 CI 的成本。但是，即便是这样，对开源项目自行搭建和维护 CI 服务器仍然是昂贵的。比如，如果需要把应用部署到 macOS 上，必须至少有一台苹果的服务器，因为在其他机器上都无法虚拟化出 macOS 的容器。

这就是推荐使用在线 CI 服务的原因。好消息是，对开源项目，有相当多的在线 CI 服务是免费的。这里仅仅介绍 Travis CI 和 GitHub Actions。

Travis CI 是一个基于云的持续集成服务，它可以帮助开发者在 GitHub 上构建和测试代码，从而减少发布软件的时间。Travis CI 为开源项目提供了一定量的服务时间，对于私有项目，则需要付费，起价是每月 69 美元。这个定价本身也说明了持续集成的价值，以及实现持续集成所需要消耗的资源。

GitHub Actions 是 GitHub 在 2020 年前后推出的持续集成服务，它的优点同 GitLab CI 一样，也在于与代码托管服务无缝集成。在价格方面，GitHub Actions 对开源项目也是免费的，比 Travis CI 提供的免费 quota 更多，足堪使用。因此，本章略过 Travis CI，直接介绍 GitHub Actions。

9.2　GitHub Actions

GitHub Actions 是 GitHub 的一部分，它使得用户可以将代码提交、构建、测试和部署像流水线一样自动化。可以创建工作流程来构建和测试存储库的每个拉取请求，或将合并的拉取请求部署到生产环境。

GitHub 通过云服务来提供 Linux、Windows 和 macOS 这些基础设施，也允许用户在自己的私有云上进行本地化部署。

9.2.1　GitHub Actions 的架构和概念

GitHub Actions 由工作流（Workflow）、事件（Event）、作业（Job）、操作（Action）和执行者（Runner）等组件构成。

工作流由一个 YAML 文件来定义，它位于项目根目录下的.github/workflows 文件夹中。也可以简单地将该文件当成脚本来理解。该文件定义了哪些事件可以触发工作流，工作流中应该包含哪些作业，以及作业应该在什么样的执行者（容器）中运行。一个存储库中可以有多个工作流，分别执行不同的任务集。

事件是能引发工作流运行的特定事件，比如当有人创建拉取请求，或者将提交（Commit）推送到存储库时，这就是一个能触发工作流的事件。

作业（Job）是工作流中在同一运行器上执行的一组步骤组成的步骤集（Steps）。每个步骤（Step）要么是一个将要执行的 shell 脚本，要么是一个将要运行的操作。步骤按顺序执行，并且相互依赖。由于每个步骤都在同一运行器上执行，因此可以将数据从一个步骤共享到另一个步骤。例如，可以在构建应用程序的步骤之后跟一个测试已生成应用程序的步骤。

一个工作流中可以有多个作业。作业之间默认没有依赖关系，并且彼此并行运行。也可以配置某个作业依赖于另一个作业，此时，它将等待从属作业完成，然后才能运行。例如，对于没有依赖关系的不同体系结构，可能有多个测试作业，以及一个依赖于这些测试作业的打包作业。测试作业将并行运行，但只有它们全部成功完成后，打包作业才会运行。

操作是用于 GitHub Actions 平台的自定义应用程序，它执行复杂且重复的任务。使用操作可帮助减少在工作流程文件中编写的重复代码量。操作可以从 GitHub 拉取 Git 存储库，为构建环境设置正确的工具链，或设置对云提供商的身份验证。

可以编写自己的操作，也可以在 GitHub Marketplace 中找到要在工作流程中使用的操作。

执行者是运行工作流的服务器。每个执行者一次可以运行一个作业。GitHub 提供 Ubuntu Linux、Microsoft Windows 和 macOS 运行器来运行工作流程；每个工作流程运行都在新预配的全新虚拟机（或者容器）中执行。

图 9-1 展示了 GitHub Actions 的架构。

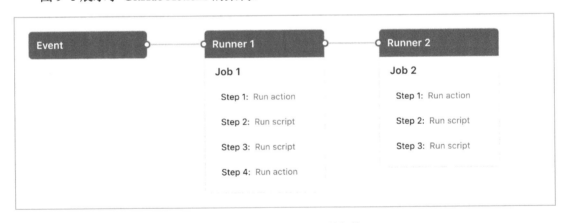

图 9-1　GitHub Actions 的架构

9.2.2　工作流语法概述

在了解了 GitHub Actions 的架构之后，下面通过一个例子来讲解如何定义工作流。

先看 PPW 生成的一个工作流文件。

```
01  name: dev build CI
02  # 定义哪些事件可以触发工作流，以及筛选条件
```

```
03  on:
04    # 当存储库有 push 或者 pull_request 事件时触发
05    push:
06      branches:
07        - '*'
08    pull_request:
09      branches:
10        - '*'
11  # 定义作业集
12  jobs:
13    # 工作流包含三个作业，分别是 test, publish_dev_build, notification
14    test:
15      # 定义作业的运行环境，这里使用了矩阵式定义
16      strategy:
17        matrix:
18          python-versions: ['3.8', '3.9', '3.10']
19          os: [ubuntu-latest, windows-latest, macos-latest]
20      runs-on: ${{ matrix.os }}
21      # 将步骤的输出提升为作业的输出，以便它们可以在作业之间共享
22      outputs:
23        package_version: ${{ steps.variables_step.outputs.package_version }}
24        package_name: ${{ steps.variables_step.outputs.package_name }}
25        repo_name: ${{ steps.variables_step.outputs.repo_name }}
26        repo_owner: ${{ steps.variables_step.outputs.repo_owner }}
27      # 这是启用外部服务的一个示例
28      # services:
29      #   redis:
30      #     image: redis
31      #     options: >-
32      #       --health-cmd "redis-cliping"
33      #       --health-interval 10s
34      #       --health-timeout 5s
35      #       --health-retries 5
36      #     ports:
37      #       - 6379:6379
38      # 步骤集代表了一系列的任务，这些任务将作为作业的一部分执行
39      steps:
40        # 作业是在容器里执行的，需要先将代码检出到这个干净的容器里
41        - uses: actions/checkout@v2
42        - uses: actions/setup-python@v2
43          with:
44            python-version: ${{ matrix.python-versions }}
45        - name: Install dependencies
46          run: |
47            python -m pip install --upgrade pip
48            pip install tox tox-gh-actions poetry
49        # 这一步设置了一些变量，将其输出到控制台，从而可以提升为 job 的输出
50        - name: Declare variables for convenient use
51          id: variables_step
```

```
52       run: |
53         echo "::set-output name=repo_owner::${GITHUB_REPOSITORY%/*}"
54         echo "::set-output name=repo_name::${GITHUB_REPOSITORY#*/}"
55         echo "::set-output name=package_name::`poetry version | awk '{print $1}'`"
56         echo "::set-output name=package_version::`poetry version --short`"
57       shell: bash
58     # 执行单元测试和代码检查
59     - name: test with tox
60       run: tox
61     # 通过 codecov 上传测试覆盖率
62     - uses: codecov/codecov-action@v3
63       with:
64         fail_ci_if_error: true
65   publish_dev_build:
66     # 只有 test 作业完成，才开始本作业
67     needs: test
68     # 指定本作业运行的操作系统
69     runs-on: ubuntu-latest
70     steps:
71     - uses: actions/checkout@v2
72     - uses: actions/setup-python@v2
73       with:
74         # 这一步只需要在任意一个 Python 版本上运行
75         python-version: '3.9'
76     - name: Install dependencies
77       run: |
78         python -m pip install --upgrade pip
79         pip install poetry tox tox-gh-actions
80     - name: build documentation
81       run: |
82         poetry install -E doc
83         poetry run mkdocs build
84         git config --global user.name Docs deploy
85         git config --global user.email docs@dummy.bot.com
86         poetry run mike deploy -p -f --ignore "`poetry version --short`.dev"
87         poetry run mike set-default -p "`poetry version --short`.dev"
88     - name: Build wheels and source tarball
89       run: |
90         poetry version $(poetry version --short)-dev.$GITHUB_RUN_NUMBER
91         poetry lock
92         poetry build
93     - name: publish to TestPyPI
94       uses: pypa/gh-action-pypi-publish@release/v1
95       with:
96         user: __token__
97         password: ${{ secrets.TEST_PYPI_API_TOKEN}}
98         repository_url: https://test.pypi.org/legacy/
99         skip_existing: true
100   notification:
```

```
101    needs: [test,publish_dev_build]
102    if: always()
103    runs-on: ubuntu-latest
104    steps:
105      - uses: martialonline/workflow-status@v2
106        id: check
107      - name: build success notification via email
108        if: ${{ steps.check.outputs.status == 'success' }}
109        uses: dawidd6/action-send-mail@v3
110        with:
111          server_address: ${{ secrets.BUILD_NOTIFY_MAIL_SERVER }}
112          server_port: ${{ secrets.BUILD_NOTIFY_MAIL_PORT }}
113          username: ${{ secrets.BUILD_NOTIFY_MAIL_FROM }}
114          password: ${{ secrets.BUILD_NOTIFY_MAIL_PASSWORD }}
115          from: build-bot
116          to: ${{ secrets.BUILD_NOTIFY_MAIL_RCPT }}
117          subject: ${{needs.test.outputs.package_name}}.${{needs.test.outputs.package_
version}} build successfully
118          convert_markdown: true
119          html_body: |
120            ## 构建完成
121            ${{ needs.test.outputs.package_name }}.${{ needs.test.outputs.package_version }}
122            已完成构建并发布到 TestPyPI
123            ## 变更详情
124            ${{ github.event.head_commit.message }}
125            查看发布在
126    https://${{ needs.test.outputs.repo_owner }}.github.io/${{ needs.test.outputs.repo_
name }}/${{ needs.test.outputs.package_version }}/history 的变更历史以获取更多信息
127            ## 安装包下载
128            安装包可以在这里下载: https://test.pypi.org/project/${{ needs.test.outputs.package_
name }}/
129      - name: build failure notification via email
130        if: ${{ steps.check.outputs.status == 'failure' }}
131        uses: dawidd6/action-send-mail@v3
132        with:
133          server_address: ${{ secrets.BUILD_NOTIFY_MAIL_SERVER }}
134          server_port: ${{ secrets.BUILD_NOTIFY_MAIL_PORT }}
135          username: ${{ secrets.BUILD_NOTIFY_MAIL_FROM }}
136          password: ${{ secrets.BUILD_NOTIFY_MAIL_PASSWORD }}
137          from: build-bot
138          to: ${{ secrets.BUILD_NOTIFY_MAIL_RCPT }}
139          subject: build failure
140          convert_markdown: true
141          html_body: |
142            ## 变更历史
143            ${{ github.event.head_commit.message }}
```

这是一个名为 dev build CI 的作业，它将在任一分支发生提交和 pull request 时触发。它包含三个作业，即 test（执行单元测试）、publish_dev_build（构建并发布开发版本到 test_pypi）和 notification（在构建成功或失败时发送邮件通知）。三者之间有依赖关系，如果 test 作业失败，publish_dev_build 作业会取消；但是无论 test 和 publish_dev_build 作业是否成功，notification 作业都会执行，并根据前两个作业的状态发送邮件通知。

这是一个比较简单的作业，但也涉及了在 CI 中需要做的几乎所有事情。在代码中已经加入了较多的注释，建议读者结合下面的讲解，仔细阅读代码。

1. 定义触发条件

第 3 行到第 10 行配置了工作流的触发条件。触发条件一节以关键字 on 开头。在它的下一层，可以定义多个触发事件，并为每个触发事件指定类型和过滤器。一个完整的触发条件配置如下：

```
on:
    push:
        branches:
            - '*'
        tags:
            - v*
    label:
        branches:
            - main
        types:
            - created
    schedule:
        - cron: '30 5 * * 1,3'
```

在上面的示例中，push、label、tags 和 schedule 都是事件关键字。可用的事件关键字可参见触发工作流的事件[①]。

在事件的下一级，是定义活动类型和筛选器的地方。不是所有的事件都有活动类型，即使有，它们的活动类型也很可能不一样。比如，push 事件就没有活动类型，而 label 事件有 created、edited 和 deleted 三种活动类型，而 issues 事件的活动类型有 opened 和 labeled 等。

筛选器有 branches 和 tags 两种，分别用于指定分支和标签。从上面的示例可以看出，筛选器的值支持 glob 模式，即可以使用*、**、+、?、!等通配符来匹配分支名和标签名。除了示例中的正向匹配外，还可以使用 branches-ignore 或者 tags-ignore 来反向匹配。

上面的示例还展示了一种特殊的事件，即 schedule 事件。这将导致工作流周期性地运行。schedule 事件可以用来运行一些安全性扫描、依赖升级扫描等工作。

2. 定义作业集

接下来，工作流声明了三个作业，即 test、publish_dev_build 和 notification。作业定义一节以关键字 jobs 开头。在它的下一层，可以定义多个作业，并为每个作业指定运行环境和运行步骤。

---

① 触发工作流的事件：https://docs.github.com/zh/actions/using-workflows/events-that-trigger-workflows。

　　每个作业都有自己的 id 和名字。在上述例子中，test、publish_dev_build 和 notification 都是作业 id。作业 id 是必需的，但是作业名称是可选的。如果没有指定作业名称，那么作业名称将默认为作业 id。作业名称可以用来在 GitHub Actions 的界面上显示作业的名称。

　　在作业 publish_dev_build 中，通过关键字 needs（第 67 行）来定义了它对作业 test 的依赖。在第 101 行还看到，作业还可以依赖到一组作业。当指定作业依赖时，要注意只能使用作业的 id，而不是作业的名称。

　　接下来为作业定义执行环境。执行环境是通过关键字 runs-on 来定义的。有些任务只需要在一台机器上执行就可以了，比如 Python 包的构建和发布；有些任务则需要在所有的机器上以多个 Python 运行时来运行，比如测试。

　　比如，publish_dev_build 作业只需要在 ubuntu_latest 和 Python 3.9 这个组合上运行，因为在任何一个组合上运行这个作业，结果应该都是一样的。第 69 行和第 75 行都是指定单个执行环境的例子。但对测试任务，我们希望它在所有机器上都能运行，并且可以运行在不同的 Python 版本上。为了表达简洁起见，GitHub Actions 引入了矩阵的概念。

　　我们通过 strategy.matrix 来定义测试矩阵。在示例第 17~19 行定义的矩阵中，定义了 Python 版本和操作系统列表。这个定义随后就被使用了，在第 20 行通过{{matrix.os}}来引用其中的操作系统定义。第 18 行的 python-versions 是一个特殊的关键字，它用来指示要使用的 Python 版本。如果开发语言不是 Python，这里的指定将没有意义。

　　接下来需要为作业定义具体执行哪些任务，它们被归类在步骤集（steps）中。步骤集是一个包含多个步骤的列表。而每一个步骤，要么是一个 shell 命令（或者一组 shell 命令），要么是一个 action。运行 shell 命令，使用下面的语法：

```
- name: <step name>
  run: <shell command>
```

如果要运行一组 shell 命令，使用下面的语法：

```
- name: <step name>
  run: |
    <shell command 1>
    <shell command 2>
    ...
```

注意上述两组语法的不同之处，不能混淆。

　　至于 action，在前面已经讲过了，它是用于 GitHub Actions 平台的自定义应用程序。读者可以自己编写 action，也可以在 GitHub 的应用市场上查找他人开发的应用。

　　每一个步骤都可以指定 Python 运行时。在第 44 行，{{ matrix.python-versions }}使用的是矩阵中定义的 Python 版本（第 18 行）。而在第 75 行，则直接指定了一个 Python 版本。这里还要注意版本号是一个字符串，即可以使用'3.10'，但不能使用 3.10（即不带引号），后者将会被 YAML 解析为 3.1，从而出现找不到 Python 版本的问题。

　　最后介绍一下 job 运行时的条件控制。前面已经介绍过 job 之间的依赖关系，这可以算作是一种条件。还有一种情况，比如示例中的 notification 作业，要求它只能在前两个作业都完成后才运行（并且无论成功与否，都要运行），会根据前面作业的状态发出不同内容的通知邮件，此时需要引入 if 条件控制。

if 条件控制可以作用于作业作用域（如第 102 行所示），也可以作用于步骤作用域（如第 108 行所示）。在作业作用域中，可以使用 success()、failure()、cancelled()、always()等函数来指定在何种情况下才运行本作业。在步骤作用域中，则可以进行简单的条件判断，来指示本步骤是否运行。

在进行条件判断时，必然需要使用变量，下面全面地介绍一下在工作流中变量的使用。通过变量，结合各种控制条件，才能实现一些高级的技巧。

GitHub 中的变量分为两种，一种是系统变量，另一种是作业变量。系统变量是 GitHub 平台提供的，作业变量是自己定义的。无论哪一种变量，都通过${{ }}来引用。

系统变量按级别可以定义在组织、存储库或者环境上。比如，secrets 就定义在存储库级别上，可以通过${{ secrets.BUILD_NOTIFY_MAIL_RCPT }}来访问它的值，这需要在存储库中事先定义 BUILD_NOTIFY_MAIL_RCPT 这个变量。GitHub 提供了一些默认变量，比如GITHUB_REPOSITORY（此变量的值是仓库所有者及仓库名，比如 octocat/Hello-World，示例第 53 行使用了这个变量，并且演示了一个字符串提取技巧）等。

作业变量的使用比较特殊，看看下面的例子：

```
notification:
  needs: [test,publish_dev_build]
  steps:
    - name: build success notification via email
      if: ${{ steps.check.outputs.status == 'success' }}
      uses: dawidd6/action-send-mail@v3
      with:
        subject: ${{ needs.test.outputs.package_name }}.
```

首先，在作业 test 中，将步骤 variables_step（第 51～57 行）的输出提升为作业的输出（第 22～26 行），相当于声明了 package_name 等 4 个变量。然后在上面的代码中，通过${{ needs.test.outputs.package_name }}来引用变量（比如 package_name）。变量是通过{job_id}.outputs.{variable}来引用的，要注意它还有一个 needs 作用域。这表明如果使用变量的地方，其所属的作业没有声明依赖到 test 作业，那么这个变量是无法被引用的。

示例中没有展示环境变量的用法，这里提供一个示例，请读者结合注释自行研究：

```
env:
  # 声明了一个全局上下文的环境变量
  DAY_OF_WEEK: Monday
jobs:
  greeting_job:
    runs-on: ubuntu-latest
    env:
```

```
  # 声明了一个作业上下文的环境变量
  Greeting: Hello
steps:
 - name: "Say Hello Mona it's Monday"
   # 使用时在变量前加一个 env.的约束
   if: ${{ env.DAY_OF_WEEK == 'Monday' }}
   # 当使用的环境变量是在作业内声明时，可以省略 env.的约束
   run: echo "$Greeting $First_Name. Today is $DAY_OF_WEEK!"
   env:
     # 声明了步骤上下文的环境变量
     First_Name: Mona
```

3．连接其他服务

在示例的第 28 行到第 37 行，有一段被注释的代码，这是用来启用 redis 服务的。GitHub Actions 通过容器技术来提供这些服务。理论上，只要在 Docker Hub 上存在某个服务的 image（镜像），就可以在 GitHub Actions 中使用它。

提示：
如果要在 Workflow 中使用服务，执行者（runner）必须是 Ubuntu 操作系统，而不能是其他 Linux 系统、Windows 和 macOS。

工作流可以运行在执行者上，也可以运行在容器里（该容器运行在执行者上）。如果工作流运行在容器里，则需要通过自定义的桥接网络来连接运行在容器里的服务。如果工作流运行在执行者上，那么可以将容器的端口映射到执行者上，这样就可以直接访问容器里的服务了。

在工作流中使用服务，一般需要等待容器完全启动并初始化成功。这就是第 32 行 rediscli ping 的作用。

9.3 第三方应用和 Actions

我们在示例中已经看到了一些来自应用市场的 action，比如 actions/checkout、actions/setup-python、pypa/gh-action-pypi-publish、dawidd6/action-send-mail、codecove/Codecov 等。这里"/"之前的是 action 的作者，其中作者为 actions 的是 GitHub 官方的 action，其他都是第三方的 action。例子中的 action，它们的名字就已经说明了其功能，因此这里不再赘述。

下面介绍一些使用较多的第三方 action，其中有一些进行了简要说明并举例说明其使用方法。如果没有进行特别说明，或者你想进一步了解相关信息，可以访问 Marketplace 相关网页[①]查看相关文档。

---

① Marketplace: https://github.com/marketplace/actions。

9.3.1 GitHub Pages 部署

这个 action 可以用来将静态网站部署到 GitHub Pages 上。在 PPW 生成的项目中，它与 MkDocs/mike 配合使用。其 id 是 JamesIves/github-pages-deploy-action，使用示例如下：

```
name: Build and Deploy
on: [push]
permissions:
  contents: write
jobs:
  build-and-deploy:
    concurrency: ci-${{ github.ref }} # 推荐使用，如果需要进行多次快速、连续部署
    runs-on: ubuntu-latest
    steps:
      - name: Checkout □
        uses: actions/checkout@v3
      - name: Install and Build    # 此示例项目是使用 npm 构建的，并将结果输出到 build 文件夹。请将其
                                    # 替换为构建项目所需的命令；如果站点是预构建的，则完全删除此步骤

        run: |
          npm ci
          npm run build
      - name: Deploy □
        uses: JamesIves/github-pages-deploy-action@v4
        with:
          folder: build # 此动作（Action）将部署的文件夹
```

9.3.2 构建和发布 Docker 镜像

显然，作为持续部署的一个步骤，Docker 镜像的构建也应该通过 CI/CD 服务器来完成并发布。Docker 官方提供了一个完成此功能的 action， id 是 docker/build-push-action。

9.3.3 在 GitHub 上进行发布

一般地，Python 项目的发布都是通过 PyPI 来完成的。也可以将其发布到 GitHub Release 上。这个 action 的 id 是 softprops/action-gh-release。

9.3.4 制订发布日志草案

编写发布日志是一件枯燥乏味的事。relase-drafter/release-drafter 可以帮助我们自动生成发布日志草案。它将自动从代码提交日志中找到有用的信息以组织一份发布日志。

在编写发布日志时，往往只需要记录功能性的变更、修订（bug fix）、性能增强这类影响到外部使用的信息。但在进行代码提交时，会存在各种各样的提交，除了上述几类之外，还有文档修订、代码格式化、CI 流程变更等。release-drafter 如何自动把这些无用的信息过滤掉呢？这就需要在提交日志时严格进行分类，而且要遵循规范的格式。在本书第 2.2.2 节中介绍了一个编辑提交信息的扩展。通过此类工具，可以保证提交的日志都有良好的分类，从

而 release-drafter 能完成自动信息提取，形成草案。接下来即使还需要人工编辑，工作量也会少很多。

培养好的开发习惯，不能仅仅靠提高程序员的意识，重要的是要通过一系列环环相扣的工具把流程流水线化，从而得到强制遵循。

9.3.5 通知消息

前面已经介绍了邮件通知，在应用市场里，还有各种各样的通知 action，比如 Slack 通知，可以通过 ilshidur/action-slack 这个 id 来找到它。

9.3.6 Giscus

Giscus 是一个基于 GitHub Discussion 的评论系统。它的 id 是 giscus/giscus。如果使用 gitpages 作为博客和静态站系统，则可以在 GitHub 上安装它，并在博客和静态站系统中增加评论功能。

9.4 通过 GitHub CI 发布 Python 库

前面的例子来自 PPW 生成的项目下的.github\workflows\dev.yml 文件。这个文件定义的工作流适用于所有的分支，在每次 push 时都会触发。它的作用是进行集成测试，构建测试包并发布到 TestPyPI，并发布非正式文档到 GitHub Pages 上。

正式的版本发布工作交给了 release.yml。这个工作流仅适用于 main 分支，并且只有当 main 分支上有打标签事件发生并且标签是以 "v" 字线开头时才会运行。下面是这个工作流的内容：

```
# 如果 release 分支有'V'标记（tag），则执行发布动作

name: build & release

# 控制 Action 何时执行
on:
  # 以下设置动作仅在 master 分支上有 push 或者 pull 请求时执行
  push:
    branch: [main, master]
    tags:
      - 'v*'

  # 允许从 actions 选项卡手动运行工作流
  workflow_dispatch:

# 工作流由一系列可以顺序（或者并行）执行的作业（job）组成
jobs:
  release:
```

```yaml
    runs-on: ubuntu-latest

    strategy:
     matrix:
        python-versions: ['3.9']

    # 将步骤（step）输出转换为作业（job）输出，以便它们可以在任务间共享
    outputs:
      package_version: ${{ steps.variables_step.outputs.package_version }}
      package_name: ${{ steps.variables_step.outputs.package_name }}
      repo_name: ${{ steps.variables_step.outputs.repo_name }}
      repo_owner: ${{ steps.variables_step.outputs.repo_owner }}

    # 步骤集是一系列作为作业（job）的一部分运行的子任务（task）
    steps:
      # 将仓库检出到$GITHUB_WORKSPACE，以便作业可以访问仓库
      - uses: actions/checkout@v2

      - name: build change log
        id: build_changelog
        uses: mikepenz/release-changelog-builder-action@v3.2.0
        env:
          GITHUB_TOKEN: ${{ secrets.GITHUB_TOKEN }}

      - uses: actions/setup-python@v2
        with:
          python-version: ${{ matrix.python-versions }}

      - name: Install dependencies
        run: |
          python -m pip install --upgrade pip
          pip install tox-gh-actions poetry

      # 声明 PACKAGE_VERSION、REPO_OWNER、REPO_NAME、
      #PACKAGE_NAME 等环境变量。可能在网络钩子中使用它们
      - name: Declare variables for convenient use
        id: variables_step
        run: |
          echo "::set-output name=repo_owner::${GITHUB_REPOSITORY%/*}"
          echo "::set-output name=repo_name::${GITHUB_REPOSITORY#*/}"
          echo "::set-output name=package_name::`poetry version | awk '{print $1}'`"
          echo "::set-output name=package_version::`poetry version --short`"
        shell: bash

      - name: publish documentation
        run: |
          poetry install -E dev
          poetry run mkdocs build
          git config --global user.name Docs deploy
```

```
    git config --global user.email docs@dummy.bot.com
    poetry run mike deploy -p -f --ignore `poetry version --short`
    poetry run mike set-default -p `poetry version --short`

- name: Build wheels and source tarball
  run: |
    poetry lock
    poetry build

- name: Create Release
  id: create_release
  uses: actions/create-release@v1
  env:
    GITHUB_TOKEN: ${{ secrets.GITHUB_TOKEN }}
  with:
    tag_name: ${{ github.ref_name }}
    release_name: Release ${{ github.ref_name }}
    body: ${{ steps.build_changelog.outputs.changelog }}
    draft: false
    prerelease: false

- name: publish to PyPI
  uses: pypa/gh-action-pypi-publish@release/v1
  with:
    user: _ _token_ _
    password: ${{ secrets.PYPI_API_TOKEN }}
    skip_existing: true
```

这个工作流用到的语法特性前面已经讲过了，这里不再重复。

第 10 章
撰写技术文档

所有好的产品都应该有一份简洁易读的使用说明书，但是对于软件来说，其复杂性往往要求必须有与之配套的详尽的技术文档，使用者才好上手。即使是开源产品，人们通常也是首先借助产品的技术文档快速上手。

既然技术文档如此重要，那么，如何写好技术文档？有哪些工具可以帮助我们进行文档创作？好的技术文档有哪些评价标准？其评价标准能否像软件一样进行量化？

本书编者认为，一个好的技术文档除了要求作者本身有较好的文笔之外，常常还包括以下技术要求：

1）规范的文档结构，简洁优美的格式。

2）内容准确无误：包括文档版本与代码实现始终保持一致（多版本）。

3）提供必要的导航和交叉引用，帮助读者进一步阅读，并且无死链。

4）文档在线托管，随时可阅读和可搜索。

5）在必要时能够生成多种格式，比如 html、pdf、epub 等。

本章将探索常见的文档构建技术栈。重点不在于提供一份大而全的操作指南，而在于探索各种可能的方案，并对它们进行比较，从而帮助读者选择最适合自己的方案。至于如何一步步地应用这些方案，也提供了丰富的链接供参考。

通过学习本章，你将了解到：

1）文档结构的最佳实践。

2）文档构建的两大门派。

3）如何自动生成 API 文档。

4）如何使用 Git Pages 进行文档发布。

10.1　技术文档的组成

一份技术文档通常有两个来源：一是在写代码的过程中按照一定的风格进行注释，通过工具将其提取出来，形成的所谓 API 文档，这部分文档深入到细节之中；二是特别撰写的帮助文档，相比 API 文档，更加宏观和概要，涵盖了 API 文档中不适合提及的部分，比如整个软件的设计理念与原则、安装指南、License 信息、版本历史、全局的示例等。

时至今日，在 Python 世界里，大致有两种流行的技术文档构建技术栈，即 Sphinx 和 MkDocs。图 10-1 是一份 Sphinx 技术文档清单。

图 10-1　Sphinx 技术文档清单

这个布局是 *The Hitchhiker's Guide to Python*[①]一书中推荐的，它的最初出处是 Kenneth Reitz 在 2013 年推荐的一个 Python 项目布局的最佳实践。为适应开源项目的需要，在这里增加了 CONTRIBUTING.rst 和 AUTHORS.rst 两个文件。其特点是，文档的类型是 rst，文档目录下包含了一个名为 conf.py 的 Python 文件，还有 Makefile。

提示：

Kenneth Reitz 是一名软件架构师，著名的 Python 库 requests 的作者，他的 Python ORM 库 records，以及虚拟环境管理工具 pipenv 也广受欢迎。他致力于设计高度抽象、降低认知负担和易于使用的软件。如果使用[Cookiecutter-pypackage]来生成项目的框架，会发现它生成的项目正好就包括了这些文件。

另一条技术路线则是 MkDocs。这也正是 PPW 所采用的技术路线。尽管第 4 章已经给出了一个完整的文件清单，但为了便于读者理解，在这里还是给出一个经过精简的、仅与文档构建相关的清单（如图 10-2 所示）。

这条技术路线使用 Markdown 的文件格式，由 mkdocs.yml 提供主控文档和配置，除此之外，并不需要别

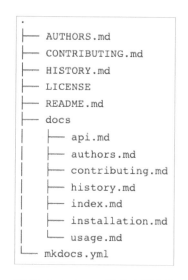

图 10-2　MkDocs 技术文档清单

---

① https://docs.python-guide.org/writing/structure。

的配置。下面先介绍 rst 和 Markdown 两种文档格式。

10.2 两种主要的文档格式

技术文档一般使用纯文本格式的超集来书写。常见的格式有 reStructuredText[①]（以下称为 rst）和 Markdown[②]。前者历史更为久远，语法复杂，但功能强大；后者比较新颖，语法十分简洁，在一些第三方插件的支持下，其在功能上也已逐渐追赶上来。

10.3 rst 文档格式

本节简要地介绍 rst 文档格式的常用语法。如果读者有兴趣全面了解 rst 文档格式的语法，可以参考其官方文档。

10.3.1 章节标题（section）

在 rst 文档格式中，章节标题是通过文本加上等数量的下缀标点（限#、=、-、~、:、'、"、^、_、*、+、<、>、`）来构成的。示例如下：

```
一级标题
####

restructured text example

1.二级标题
=====

1.1 三级标题
-------

1.1.1 四级标题
^^^^^^^^^

1.1.2 四级标题
^^^^^^^^^
1.1.1.2.1 五级标题
+++++++++++++

1.1.1.2.1.1 六级标题
***************
1.2 三级标题
-------
```

---

① rst 文件格式：https://docutils.sourceforge.io/rst.html。
② Markdown 文件格式：https://zh.wikipedia.org/zh-hans/Markdown。

上述文本将渲染为图 10-3 所示的标题。

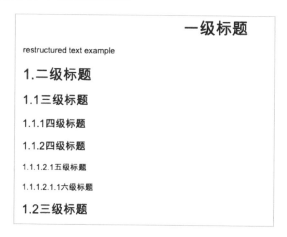

图 10-3　rst 文档格式的各级标题

这种语法的烦琐和难用之处在于，标题字符数与下面的标点符号数必须匹配。如果使用了非等宽字符或者使用了中文标题，匹配将十分困难。读者可以自行寻找一个支持 rst 文档格式的编辑器（比如在 VS Code 中，安装 RST Preview 扩展），手动输入上面的例子，尝试一下。

除了在输入上不够简洁且易出错外，标题的级别与符号无关，而只与符号出现的顺序有关，也是容易出错的地方。使用者必须记住每个符号与标题级别的对应关系，否则生成的文档就会出现标题级别错误。

10.3.2　列表（list）

在 rst 文档格式中，使用*、–、+做项目符号构成无序列表；有序列表则由数字、字母、罗马数字加上"."或者括号构成。示例如下：

```
*   无序 1
*   无序 2

–   无序 1
–   无序 2

+   无序 3
+   无序 3

1.  有序 1
2.  有序 2

2)  有序 2)
3)  有序 3)
```

```
(3) 有序 (3)
(4) 有序 (4)

i.   有序 一
ii.  有序 二

II.  有序 贰
III. 有序 叁

c.   有序 three
d.   有序 four
```

示例中，有序列表可以使用右括号或者左右括号，但不能只使用左括号。上述示例如图 10-4 所示。

• 无序 1	1. 有序 1	i. 有序 一
• 无序 2	2. 有序 2	ii. 有序 二
• 无序 1	2. 有序 2)	II. 有序 贰
• 无序 2	3. 有序 3)	III. 有序 叁
• 无序 3	3. 有序 (3)	c. 有序 three
• 无序 3	4. 有序 (4)	d. 有序 four

图 10-4　rst 文档格式的列表

10.3.3　表格

rst 核心语法支持两种表格表示方法，即网格表格和简单表格。网格表格就是使用一些符号来构成表格，如下所示：

```
+------------------------+------------+----------+----------+
| Header row, column 1   | Header 2   | Header 3 | Header 4 |
| (header rows optional) |            |          |          |
+========================+============+==========+==========+
| body row 1, column 1   | column 2   | column 3 | column 4 |
+------------------------+------------+----------+----------+
| body row 2             | Cells may span columns.          |
+------------------------+------------+---------------------+
| body row 3             | Cells may  | - Table cells       |
+------------------------+ span rows. | - contain           |
| body row 4             |            | - body elements.    |
+------------------------+------------+---------------------+
```

这样制表显然十分烦琐，不易维护。于是 rst 通过指令语法，扩展出 csv 表格和 list 表格。下面是 csv 表格的示例：

```
.. csv-table:: 物理内存需求表
   :header: "行情数据","记录数（每品种）","时长（年）","物理内存（GB）"
   :widths: 12, 15, 10, 15

   日线,1000,4,0.75
```

第 1～3 行是指令，第 5 行则是 csv 数据。上面的语法将生成如图 10-5 所示的 csv 表格。

行情数据	记录数（每品种）	时长（年）	物理内存（GB）
日线	1000	4	0.75

图 10-5　csv 表格

10.3.4　图片

在文档中插入图片要使用指令语法，例如：

```
.. image:: img/p0.jpg
   :height: 400px
   :width: 600px
   :scale: 50%
   :align: center
   :target: https://docutils.sourceforge.io/docs/ref/rst/directives.html#image
```

上述示例在文档中插入了 img 目录下的 p0.jpg 图片，并且显示高度为 400px，宽度为 600px，缩放比例为 50%，图片居中对齐，单击图片会跳转到指定的链接。

10.3.5　代码块

在文档中插入代码块要使用指令语法，例如：

```
.. code:: python

   def my_function():
       "just a test"
       print 8/2
```

10.3.6　警示文本

警示文本通常用于强调一些重要的信息，比如提示错误信息（error）、重要信息（important）、小贴士（tip）、警告（warning）、注释（note）等。

同样用指令语法来显示警示文本，例如：

```
.. DANGER::
   Beware killer rabbits!
```

警示文本显示效果如图 10-6 所示。

!DANGER!

Beware killer rabbits!

图 10-6　警示文本显示效果

此外还有一些常用的语法，比如对字体加粗、斜体显示，显示数学公式、上下标、脚注、引用和超链接等。介绍完 rst 文档格式的全部语法，已经远远超出了本书的范围，感兴趣的读者可以参考官方文档[①]。关于 rst，读者要记住的是，尽管语法烦琐，但它提供了非常强大的排版功能，不仅可以用来写在线文档，还可以直接付梓成书，在这一点上，目前仅有 latex 可以媲美。

10.4　Markdown 文档

Markdown 起源于 2000 年。在 2000 年前后，Markdown 语法的创始人 John Gruber 做了一个博客，叫"勇敢的火球"（Daring Fireball）[②]。当时在线编辑工具还没有现在这样发达，网页文本的格式化功能还需要通过 HTML 代码来实现。尽管他本人完全掌握 HTML 的语法，但他感觉这种语法肯定不适用大多数人，于是萌生了发明一种简化的标记语言（Markup Language）的想法。这种语言要比 HTML 简单，但能转换成 HTML。最终，在借鉴了纯文本电子邮件标记的一些惯例，以及 Setext 和 atx 形式的标记语言的一些特点后，他于 2004 年发明了 Markdown 语言，并发布了第一个将 Markdown 转换成 HTML 的工具。

在 2007 年，GitHub 的开发者 Chris Wanstrath 接触到了 Markdown 语言。在 2014 年，GitHub 宣布，将会在 GitHub 上使用 Markdown 语言来编写文档。这一举动，使得 Markdown 语言更加流行起来。Markdown 的核心语法非常简单，只有几十个规则，于是 Github、Reddit 和 Stack Exchange 对 Markdown 做了一些扩展，这些扩展被称为"风味"（Flavors），比如 GitHub Markdown Flavor，就增加了表格、代码段等。这些扩展大大增强了 Markdown 的表达能力。

拓展阅读：

像 GitHub、Reddit 这样的大玩家采用 Markdown 之后，Markdown 的标准化问题就出现了。2014 年，加州大学的哲学教授 John MacFarlane、Discourse 的联合创始人 Jeff Atwood，以及 Reddit、GitHub、Stackoverflow 的代表共同组成了一个工作组，开始了 Markdown 的标准化工作。出人意料的是，Markdown 的创始人 John Gruber 反对 Markdown

---

① rst 官方文档：https://docutils.sourceforge.io/docs/ref/rst/restructuredtext.html。

② John Gruber 的博客：https://daringfireball.net。

的标准化工作，并禁止他们使用 Markdown 这个名字，最终，这个标准化的结果就变成了
CommonMark（https://commonmark.org），被认为是一个事实上的标准。

下面就结合例子来看看 Markdown 的语法。注意，这里不严格区分哪些是核心语法，哪
些是 CommonMark 扩展的语法，因为到目前为止，CommonMark 扩展已经为大多数编辑器
所支持了。

10.4.1　章节标题

Markdown 的章节标题以 "#" 开始，"#" 的个数表示标题的级别，例如：

```
# 1. 这是一级标题
## 1.1 这是二级标题
### 1.1.1 这是三级标题
### 1.1.2 另一个三级标题
## 1.2 另一个二级标题
```

可以看出，这比 rst 文档格式要直观、易记忆和简洁。在上面示例中给标题进行了手动
编号，如果不愿意手动编号的话，一些 Markdown 渲染工具也可以通过 CSS 来自动给标题加
上编号。另外，很多 Markdown 编辑器也具有给标题自动插入和更新编号的能力。

10.4.2　列表

Markdown 的列表与 rst 的列表差不多，无序列表以 "-" 或者 "*" 开始，例如：

```
- 无序列表 1
- 无序列表 2
```

最终的渲染效果如图 10-7 所示。

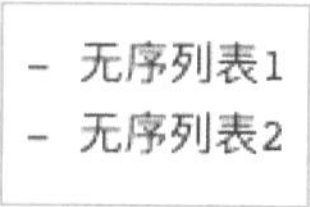

图 10-7　Markdown 的无序列表效果

有序列表以数字加 "." 开始，例如：

```
1. 有序列表 1
2. 有序列表 2
```

最终的渲染效果如图 10-8 所示。

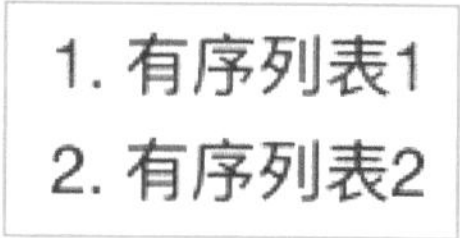

图 10-8　Markdown 的有序列表效果

注意，在上面的示例中，给有序列表编的序号并不是连续的，Markdown 语法中，并不在意给出的数字是多少，Markdown 的渲染工具最终都会自动调整为正确的。这是一个非常好的功能。

10.4.3　表格

与 rst 相比，Markdown 的表格语法还是稍嫌复杂：

```
| Header1 | Header2 | Header3 |
| :------ | :-----: | ------: |
| data1   | data2   | data3   |
| data11  | data12  | data13  |
```

语法特点是，表格的每一行都是以"|"开头和结尾的，每一列的数据之间用"|"分隔，表头和表格的分隔线使用"-"表示。表头和表格的分隔线的数量可以不一致，但是必须大于等于表格的列数。Markdown 表格的渲染效果如图 10-9 所示。

Header1	Header2	Header3
data1	data2	data3
data11	data12	data13

图 10-9　Markdown 表格渲染效果

注意上述表格语法中的冒号。它在这里的作用是指示该列的对齐方式。当在分隔线的左侧使用一个冒号时，该列为左对齐；如果在分隔线的右侧使用一个冒号时，该列为右对齐；如果在两端同时使用冒号，则该列为居中对齐。在不使用冒号的情况下，该列为左对齐。

Markdown 没有 rst 那样的指令语法，因此对超出核心语法的特性扩展起来并不容易。例如，在 Markdown 中不能直接将 csv 数据渲染为表格。如果对在 Markdown 中制作表格感到困惑，可以通过编辑器的扩展功能将 csv 数据转换为 Markdown 表格。

提示：
VS Code 中有扩展可以实现这一功能。

10.4.4　插入链接

在 Markdown 中插入链接很简单，语法如下：

```
[链接名](https://example.com)
```

即由符号"[]()"定义了一个链接，其中"[]"中是链接的显示文字，"()"中则是链接的目标地址。

10.4.5 插入图片

插入图片的语法与插入链接类似：

```
![alt text](image url "image Title")
```

不同的是，图片链接必须以一个感叹号开始。"[]"中的文字此时成为图像的替代文本，屏幕阅读工具用它来向视觉障碍读者描述图像。"()"中的文字则是图像的 URL，可以是相对路径，也可以是绝对路径。最后，还可以加上一对双引号，其中的文字则是图像的标题，鼠标悬停在图像上时会显示出来。

下面是一个示例：

```
![这是一段警示文本](img/markdown.png)
```

生成效果如图 10-10 所示。

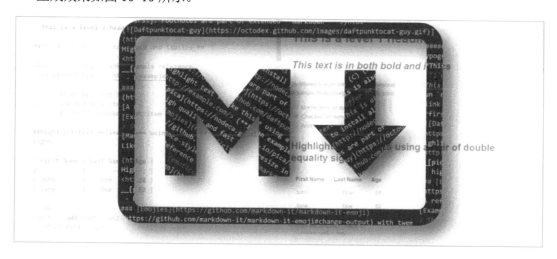

图 10-10　Markdown 图片效果

Markdown 插入图片的核心语法不像 rst 那样支持指定宽度和高度、对齐方式等。如果有这些需要，一般有两种方式可以解决。一是使用 HTML 语法，例如：

```
<img src="img/markdown.png" width="30%">
```

效果如图 10-11 所示。

图 10-11　缩小到 30%的图

二是使用 Markdown 编辑器的扩展语法。本文撰写时就使用了 Common Marks 中的相关扩展功能，用法举例如下：

```
![](assets/img/chap10/markdown_logo.png "警示文本示例"){width="30%"}
```

10.4.6 代码块

使用三个反引号"`"来定义代码块，例如：

```python
def foo():
    print('hello world')
```

在起头的反引号之后，可以加上语言定义。如此一来，代码块就可以获得语法高亮了。上面的代码块使用了"python"作为语言定义，这样代码块就会获得 Python 的语法高亮，如图 10-12 所示。

```
def foo() -> None:
    print('hello world')
```

图 10-12　语法高亮

10.4.7 警示文本

在 Markdown 中，可以用三个感叹号来引出警示文本，语法如下：

```
!!! type "双引号定义标题"
    Any number of other indented markdown elements.

    This is the second paragraph.
```

这是 Commonmark 的扩展语法。感叹号后面的英文单词是警示文本的类型，Commonmark 并没有限定有哪些类型。在实现上，这些类型都是 CSS 的一个类（class），因此具体如何实现取决于渲染器的决定。比如，很多 Python 技术文档使用 mkdocs-material 来渲染，material 支持的类型有 note、abstract、info、tip、success、question、warning、example、quote 等。如果使用了上述所列之外的类型，mkdocs-material 就会使用默认的样式来显示这段警示文本。

比如，下面是 Markdown 引用他人文字的示例：

```
!!! quote: "罗曼.罗兰"
世上只有一种英雄主义，就是认清生活的真相之后依然热爱生活。
```

其效果如图 10-13 所示。

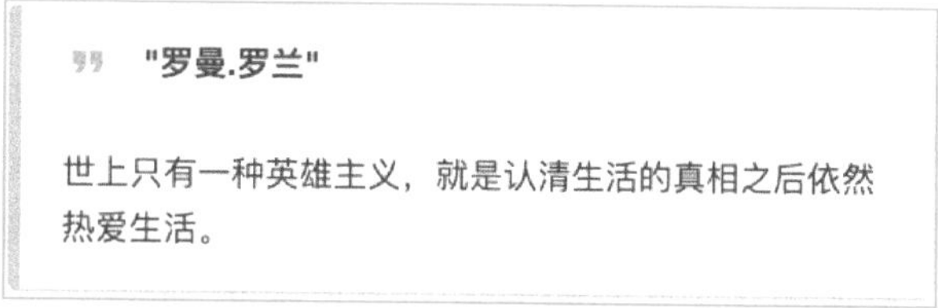

> "罗曼.罗兰"
>
> 世上只有一种英雄主义，就是认清生活的真相之后依然热爱生活。

图 10-13　Markdown 引用他人文字的效果

在编写技术文档时，应该多使用 admonition 这样的样式，把文章的重点提示出来，以减轻阅读负担；同时，它图形化的排版也给单调的文字带来一抹轻松的色彩。

10.4.8　其他语法

两个*（星号）之间的文本将显示为加粗，两个_（下画线）之间的文本将显示为斜体（也可以使用两组双星号）。如果文本被包在两组三星号（即***）之中，则文本将以加粗+斜体方式显示。

行内数学公式使用一对$（美元符号）包围，例如：$x^2$，这将显示为 x^2。

上标使用符号^。如果要生成下标，则可以用符号_，例如：x_2，这将显示为 x_2。

前面在介绍插入图片的语法时提到，Markdown 核心语法不支持一些特性，比如指定宽度，可以使用 HTML 语法。这不仅仅对图片适用。实际上，在 Markdown 文档的任何地方，都可以使用 HTML 来增强显示效果。由于 HTML 语法支持上下标，因此也可以用 HTML 语法来重写上面的例子。上下标可以使用 HTML 的<sup>和<sub>标签来实现，比如 x²将显示为 x^2。H₂O 将显示为 H_2O。

10.5　两种主要的构建工具

rst 和 Markdown 都是伟大的发明，它使得可以基于文本文件格式来保存信息，即使不依赖任何商业软件，也可以编辑、阅读这些文档。试想，如果把大量的文档信息保存在 Word 这种商业软件中，一旦有一天商业软件终止服务或者提高收费标准，这种技术锁定效应将带来多大的迁移成本？

但是，rst 和 Markdown 毕竟只是简单文本格式，直接阅读的视觉效果并不好。此外，大型文档往往由多篇子文档组成，因此需要有能把文档组织起来的工具，以便向读者提供目录和导航等功能。这就引出了文档构建工具的需求。

文档构建工具的主要作用，就是将散落在不同地方的文档统合起来，使其呈现一定的结构，文档各部分能够相互链接和导航，并且将简单文本格式渲染成更加美观的富文本格式。在 Python 的世界中，最重要的文档构建工具就是 Sphinx 和 MkDocs。

Sphinx[①]是始于 2008 年 5 月的一种文档构建工具，当前版本为 3.3。其主要功能是通过

① Sphinx：https://www.sphinx-doc.org/en/master。

主控文档来统合各个子文档，生成文档结构（toctree）、API 文档，实现文档内及跨文件、跨项目的引用，以及界面主题功能。

在早期的版本中，Sphinx 并没有生成 API 文档的功能，需要通过第三方工具（比如 sphinx-apidoc）来实现这一功能。大约从 2018 年起，Sphinx 通过 autodoc 这一扩展来实现生成 API 文档的功能。现在的项目中已经没有必要再使用 sphinx-apidoc 工具了（注：在 cookiecutter-pypackage 生成的项目中，仍然在使用 sphinx-apidoc 工具）。

intersphinx[1]是其特色功能，它允许两个不同的项目文档相互链接。比如，我们在自己的项目中重载了 Python 标准库中的某个实现，并已经对新增的功能撰写了文档，但对于未做改变的那部分功能，我们并不希望将它的帮助文档重写一遍，这样就有了链接到 Python 标准库文档的需求。intersphinx 就提供了这种功能。比如，通过 intersphinx，可以使用 *py:class: `zipfile.ZipFile` 来跳转到 Python 标准库的 ZipFile 类的文档上。虽然也可以直接使用一个 HTML 超链接来实现这样的跳转，但毫无疑问，intersphinx 的语法更为简洁。

MkDocs[2]出现于 2014 年，当前版本为 1.5。除了构建项目文档外，MkDocs 还可以用来构建静态站点。在构建项目文档方面，它主要提供文档统合功能、界面主题和插件体系。与 Sphinx 相比，它提供了更好的实时预览能力。Sphinx 自身没有提供这一能力，有一些第三方工具，比如 VS Code 中的 rst 插件，也只是提供了单篇文章的预览功能。

这两种文档构建工具都得到了文档托管平台 readthedocs[3]和 Git Pages 的支持。在多数情况下，作者更推荐使用 MkDocs 及 Markdown 语法，这也是 PPW 正在使用的技术路线。

10.6 使用 Sphinx 构建文档

10.6.1 初始化文档结构

在安装 Sphinx 之后，通过下面的命令来初始化文档：

```
$ pip install sphinx
```

```
# 此命令必须在项目根目录下执行
$ shpinx-quickstart
```

Sphinx 会提示输入项目名称、作者、版本等信息，最终生成 docs 目录及文件：

```
docs/
docs/conf.py
docs/index.rst
docs/Makefile
docs/make.bat
```

---

① intersphinx：https://www.sphinx-doc.org/en/master/usage/extensions/intersphinx.html。

② MkDocs：https://www.mkdocs.org。

③ readthedocs：https://readthedocs.org。

```
docs/_build
docs/_static
docs/_templates
```

如果文档中使用了图像文件，则应该将其放在_static 目录下。

现在运行 make html 就可以生成一份文档。可以通过浏览器打开_build/index.html 来阅读，也可以通过 python -m http.server -d _build/index，然后再通过浏览器来访问和阅读。

10.6.2　文件重定向

一般把 README.rst、AUTHOR.rst、HISTORY.rst 放在项目的根目录下，即与 Sphinx 的文档根目录同级，这是 Python 项目管理的需求，也是像 GitHub 这样的托管平台的惯例。而按 Sphinx 的要求，文档又必须放置在 docs 目录下。我们当然不想同样的文件在两个目录下各放置一份。为解决这个问题，一般使用 include 语法将父目录中的同名文件包含进来。比如上述 index.rst 中的 history 文件：

```
# docs/history.rst 的内容

.. include:: ../HISTORY.rst
```

这样就避免了文件重复的情况。

10.6.3　主控文档和工具链

如果是通过 sphinx-quickstart 来进行初始化的，它的向导会进行一些工具链的配置，比如配置 autodoc（用于生成 API 文档）。

Sphinx 在构建文档时需要一个主控文档，一般是 index.rst：

```
01  文档 Title
02  ==========
03
04  .. toctree::
05     :maxdepth: 2
06
07     deployment
08     usage
09     api
10     contributing
11     authors
12     history
13
14  Indices and tables
15  ==================
16  * :ref:`genindex`
17  * :ref:`modindex`
18  * :ref:`search`
```

Sphinx 通过主控文档把单个文档串联起来。上面的 toctree 中的每一个入口（比如 deployment），都对应一篇文档（比如 deployment.rst）。此外，还包含索引和搜索入口。

像 deployment、usage 这样的文档，依照 rst 的语法来撰写就好，这部分已经介绍过了。这里需要特别介绍的是 API 文档，它是通过 autodoc 来生成的，有自己的特殊语法要求。

10.6.4 生成 API 文档

要自动生成 API 文档，需要配置 autodoc 扩展。需要在 Sphinx 的配置文档 docs/conf.py 中加入下面的第 2 行和第 5～9 行：

```
01  # 要实现 autodoc 功能，先声明导入路径以便导入模块
02  sys.path.insert(0, os.path.abspath('../src'))
03
04  # 声明 autodoc 扩展
05  extensions = [
06    'sphinx.ext.intersphinx',
07    'sphinx.ext.autodoc',
08    'sphinx.ext.doctest'
09  ]
```

还要按 autodoc 的要求编写 api.rst 文档，并在 index.rst 中引用这个文档。api.rst 文档的作用是用作 autodoc 的文档入口。图 10-14 是 api.rst 的一个示例。

```
1   Crawler Python API
2   ==================
3
4   Getting started with Crawler is easy.
5   The main class you need to care about is :class:`~crawler.main.Crawler`
6
7   crawler.main
8   ------------
9
10  .. automodule:: crawler.main
11     :members:
12
13  crawler.utils
14  -------------
15
16  .. testsetup:: *
17
18      from crawler.utils import should_ignore, log
19
20  .. automethod:: crawler.utils.should_ignore
21
22  .. doctest::
23
24          >>> should_ignore(['blog/$'], 'http://example.com/blog/')
25          True
```

图 10-14　api.rst 示例

这里虚构了一个名为 Crawler 的程序，它共有 main 和 utils 两个模块。

在一篇文档里，普通 rst 语法、autodoc 指令和 doctest 指令是可以混用的，在上面的文档里有一些已经介绍过的 rst 语法，比如一级标题 Crawler Python API 和二级标题 crawler.main 等。此外，还看到了一些 autodoc 指令和 doctest 指令。

通过扩展指令 automodule（第 10 行）将 crawler.main 模块引入，这样 autodoc 就会自动提取该模块的 docstring。注意这里的:members:语法：可以在其后跟 crawler.main 中的子模块名，表明只为这些模块生成 API 文档。如果其后为空白，则表明将递归生成 crawler.main 下所有模块的 API 文档。还可以通过:undoc-members:来排除那些不需要生成 API 文档的成员。

可以使用的指令除了 automodule 之外，还有 autoclass、autodata、autoattribute、autofunction、automethod 等。这些指令的用法与 automodule 类似，只是它们分别用于类、数据、属性、函数和方法的文档生成。

第 16 行起，这里混杂了 autodoc 与 doctest 指令。testsetup 指令用于在 doctest 中进行测试前的准备工作，这里的准备工作是导入 crawler.utils 模块。doctest 指令用于执行文档测试，这里执行了一个测试用例，测试了 crawler.utils.should_ignore 函数的功能。

最后，在 Sphinx 进行文档构建时，就会在解析 api.rst 文档时，依次执行 autodoc 指令和 doctest 指令，将生成的文档插入 api.rst 文档中。

Sphinx 的功能十分强大，其学习曲线也比较陡峭。在学习时，可以将 Sphinx 教程[1]与 Sphinx 教程的源码[2]对照起来看，这样更容易理解。

使用 autodoc 生成的 API 文档，需要逐个手动添加入口，就像上面的.. automodules:: cralwer.main 那样。对比较大的工程，这无疑会引入一定的工作量。Sphinx 的官方推荐使用 sphinx.ext.autosummary[3]扩展来自动化地完成这一任务。前面已经提到，在较早的时候，Sphinx 还有一个 CLI 工具，叫 sphinx-apidoc 可以用来完成这一任务。但根据这篇文章[4]，我们应该转而使用 sphinx.ext.autosummary 扩展。

除此之外，readthedocs 官方还开发了一个名为 sphinx-autoapi[5]的扩展。与 autosummary 不同，它在构建 API 文档时并不需要导入项目。目前看，除了不需要导入项目之外，没有人特别提到这个扩展与 autosummary 相比有何优势，这里也就简单提一下，读者可以持续跟踪这个项目的进展。

10.6.5 docstring 的样式

显然，为了使 API 文档能够从代码注释中自动提取出来，代码注释必须满足一定的格式

[1] Sphinx 教程：https://sphinx-tutorial.readthedocs.io。
[2] Sphinx 教程源码：https://github.com/ericholscher/sphinx-tutorial。
[3] Auto Summary 扩展：https://www.sphinx-doc.org/en/master/usage/extensions/autosummary.html。
[4] https://romanvm.pythonanywhere.com/post/autodocumenting-your-python-code-sphinx-part-ii-6/。
[5] sphinx-autoapi：https://sphinx-autoapi.readthedocs.io/en/latest/tutorials.html。

要求。如果不做任何配置，Sphinx 会使用 rst 的 docstring 样式。下面是 rst 风格的 docstring 示例：

```python
def abc(a: int, c = [1,2]):
    """_summary_

    :param a: _description_
    :type a: int
    :param c: _description_, defaults to [1,2]
    :type c: list, optional
    :raises AssertionError: _description_
    :return: _description_
    :rtype: _type_
    """
    if a > 10:
        raise AssertionError("a is more than 10")

    return c
```

rst 风格的 docstring 稍显冗长。为简洁起见，一般使用 google style（最简洁）或者 numpy style。

下面是 google style 的 docstring 示例：

```python
def abc(a: int, c = [1,2]):
    """_summary_

    Args:
        a (int): _description_
        c (list, optional): _description_. Defaults to [1,2].

    Raises:
        AssertionError: _description_

    Returns:
        _type_: _description_
    """
    if a > 10:
        raise AssertionError("a is more than 10")

    return c
```

显然，google style 使用的字数更少，视觉上更简洁。google style 也是可汗学院（Khan Academy）的官方推荐风格。

下面再看看 Numpy 风格的 docstring：

```python
def abc(a: int, c = [1,2]):
    """_summary_
```

```
Parameters
----------
a : int
    _description_
c : list, optional
    _description_, by default [1,2]

Returns
-------
_type_
    _description_

Raises
------
AssertionError
    _description_
"""
if a > 10:
    raise AssertionError("a is more than 10")

return c
```

这种风格也比 google style 要复杂许多。

要在文档中使用这两种样式的 docstring，需要启用 Napolen[①]扩展。关于这两种样式的示例，最好的例子来自 MkAPI 的文档，这里不再赘述。

注意在 Sphinx 3.0 以后，如果使用了 Type Hint，则在书写 docstring 时，不必在参数和返回值上声明类型。扩展将自动为加上类型声明。

10.6.6　混合使用 Markdown

多数人会觉得 rst 的语法过于烦琐，因此希望部分文档使用 Markdown 来书写（如果不能全部使用 Markdown 的话）。大约从 2018 年起，readthedocs 开发了一个名为 recommonmark[②]的扩展，以支持在 Sphinx 构建过程中部分使用 Markdown。

在这种场景下要注意的一个问题是，Markdown 文件必须都在 docs 目录及其下级目录中，而不能出现在项目的根目录下。这样，像 README、HISTORY 这样的文档，就必须仍然使用 rst 来写（以利用 include 语法来包含来自上一级的 README）。如果要使用 Markdown 的话，就必须使用符号连接将父目录中的 README.md 连接到 docs 目录下（recommenmark 自己的文档采用这种方式）；或者通过 makefile 第三方工具，在创建文档之前将这些文档复制到 docs 目录。

在 GitHub 上还有一个 m2r 项目及其 fork m2r2 可以解决这些问题，不过由于开发者怠于

---

① Napolen：https://www.sphinx-doc.org/en/master/usage/extensions/napoleon.html。

② recommonmark: https://recommonmark.readthedocs.io/en/latest/。

维护，随着 Sphinx 版本升级，基本上不可用了。

如果你的项目必须使用 rst，那么可以在项目中启用 recommonmark，实现两种方式的混用。通过在 recommonmark 中启用一个名为 autostructify 的子组件，可以将 Markdown 文件事前编译成 rst 文件，再传给 Sphinx 处理。更妙的是，autostructify 组件支持在 Markdown 中嵌入 rst 语法，所以即使一些功能 Markdown 不支持，也可以通过局部使用 rst 来补救。

10.7　使用 MkDocs 构建文档

MkDocs[①]是一个高效、易用的技术文档创建工具，也是一个静态网站构建工具，非常适合构建博客、技术文档站点。它构建的文档站点几乎可以被任何网站托管服务托管，包括 GitHub Pages、readthedocs 等。它使用 Markdown 作为文档格式，支持自定义主题，支持实时预览。MkDocs 有强大的自定义功能（通过插件和主题），从而可以生成风格多样的站点。

MkDocs 的基本命令如图 10-15 所示。

命令	功能
mkdocs new	初始化项目文档结构
mkdocs serve	提供实时预览功能
mkdocs build	构建文档
mkdocs gh-deploy	部署到gitpages

图 10-15　MkDocs 基本命令

MkDocs 提供了两种开箱即用的主题，readthedocs 和 mkdocs。也可以在社区里寻找更多的主题[②]。在众多主题之中，material[③]是当前最受欢迎的一个主题。它支持 responsive 设计，所以文档无论在 PC 端还是在手机和平板计算机，都有相当不错的体验。此外，它自带 SEO 优化，该主题的官方网站被优化到超过了 MkDocs 的排名。这篇文章[④]给出了一个不错的教程。

首先介绍如何安装 MkDocs。

```
$ pip install --upgrade pip
$ pip install mkdocs
# 安装 material 主题。如果忽略，将使用默认主题 readthedocs
$ pip install mkdocs-material

# 创建文档结构，在项目根目录下执行
```

---

① MkDocs: https://www.mkdocs.org。

② MkDocs 主题列表：https://github.com/mkdocs/mkdocs/wiki/MkDocs-Themes。

③ material 主题：https://squidfunk.github.io/mkdocs-material/。

④ 如何撰写文档：https://www.mkdocs.org/user-guide/writing-your-docs/。

```
$ mkdocs new PROJECT_NAME
$ cd PROJECT_NAME
```

现在，在项目根目录下应该多了一个 docs 目录和一个名为 mkdocs.yaml 的文件。docs 目录下还有一个名为 index.md 的文件。如果此时运行 mkdocs serve -a 0.0.0.0:8000，在浏览器中打开，会看到如图 10-16 所示的页面。

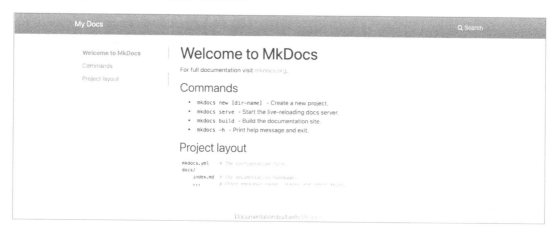

图 10-16　MkDocs 初始界面

提示：

请注意，MkDocs 能提供实时预览文档，而且有较快的响应速度。因此在编写文档时，可以打开浏览器，实时预览文档的效果。

10.7.1　配置 MkDocs

下面通过 PPW 生成的 mkdocs.yml 文件的例子来看看 MkDocs 的配置文件语法。

```
01  site_name: sample
02  site_url: http://www.sample.com
03  repo_url: "https://github.com/zillionare/sample"
04  repo_name: sample
05  site_description: A great mkdocs sample site
06  site_author: name of the author
07
08  nav:
09  - home: index.md
10  - usage: usage.md
11  - modules: api.md
12  theme:
13  name: material
14  language: en
15  logo: assets/logo.png
```

```
16  favicon: assets/favicon.ico
17  markdown_extensions:
18  - pymdownx.emoji:
19      emoji_index: !!python/name:materialx.emoji.twemoji
20      emoji_generator: !!python/name:materialx.emoji.to_svg
21  - pymdownx.critic
22  - pymdownx.caret
23  - pymdownx.mark
24  - pymdownx.tilde
25  - pymdownx.tabbed
26  - attr_list
27  - pymdownx.arithmatex:
28      generic: true
29  - pymdownx.highlight:
30      linenums: true
31  - pymdownx.superfences
32  - pymdownx.details
33  - admonition
34  - toc:
35      baselevel: '2-4'
36      permalink: true
37      slugify: !!python/name:pymdownx.slugs.uslugify
38  - meta
39  plugins:
40  - include-markdown
41  - search:
42      lang: en
43  - mkdocstrings:
44      watch:
45        - sample
46  extra:
47  version:
48      provider: mike
```

mkdocs.yml 的配置大致可以分为站点设置、文档布局、主题设置、构建工具设置和附加信息。

文档布局以关键字 nav 开始，后面跟随一个 YAML 的列表，定义了全局站点导航菜单及子菜单结构。列表中的每一项都是一个文档的标题和对应的文件名。这里的文件名是相对于 docs 目录的。例如，上面的例子中，home 对应的文件是 docs/index.md，usage 对应的文件是 docs/usage.md，等等。

注意这里的 toc 配置项中的 baselevel，其默认值为 2～4。注意在 HTML5 规范中，一个页面只能存在一个 H1 标签（或者 Article 标签），所以，toc 列表中的层级只能从第 2 级开始列。不止在这里，在任何地方撰写 Markdown 文档时，都应该遵循这个约定。

文档布局支持多级嵌套，比如：

```
nav:
```

```
- Home: 'index.md'
- 'User Guide':
    - 'Writing your docs': 'writing-your-docs.md'
    - 'Styling your docs': 'styling-your-docs.md'
- About:
    - 'License': 'license.md'
    - 'Release Notes': 'release-notes.md'
```

上述配置定义了三个顶级菜单，分别是 Home、'User Guide'和 About。User Guide 和 About 又分别包含两个子菜单。当然，最终如何展示这些内容，因选择的主题而定。

示例中的主题配置由关键字 theme 开始，一般包括主题名、语言、站点 Logo 和图标等通用选项，以及一些主题自定义的配置项。

构建工具设置主要是启用 Markdown 扩展的一些特性和插件。

MkDocs 使用了 Python-Markdown 来执行 Markdown 到 HTML 的转换，而 Python-Markdown 本身又通过扩展来实现 Markdown 核心语法之外的一些常用功能。因此，如果我们构建技术文档的过程中需要使用这些语法扩展，我们需要在这一节下启用这些特性。

在上述配置示例中，attr_list、admonition、toc、meta 是 Python-Markdown 的内置扩展，直接像示例那样启用就可以了。关于 Python-Markdown 提供了哪些官方扩展，可以参考这里[①]。前面提到，Markdown 中的图片要指定宽度，要么使用 HTML 标签，要么通过 Python-Markdown 扩展。这里的 attr_list 就是用来实现这个功能的。toc 是用来生成目录的，meta 是用来提取文档元数据的。

使用第三方的扩展跟使用第三方主题一样，必须先安装。比如，第 21 行的 pymakdownx.critic 就来自第三方扩展 pymdown-extensions，需要先安装这个扩展，然后才能在 mkdocs.yml 中启用它。critic 给文档提供了批注功能，比如下面的示例：

```
{~~ One ~>Only one ~~} thing is impossible for God: To find {++any++} sense in any.

{==Truth is stranger than fiction==}, but it is because Fiction is obliged to stick to
possibilities; Truth isn't.
```

其显示效果如图 10-17 所示。

图 10-17 批注功能

现在来看看如何定制 MkDocs，使之更适合生成技术文档。这些定制主要包括：
1）更换主题。

---

① Python-Markdown 扩展列表：https://python-markdown.github.io/extensions/。

2）文档重定向。

3）增强 Markdown 功能。

4）自动生成 API 文档。

10.7.2 更换主题

MkDocs 提供了两种开箱即用的主题，即 MkDocs 和 readthedocs。后者是对 readthedocs 网站默认主题的复制。MkDocs 的官网使用的主题就是 MkDocs，所以，考虑选择这个主题的读者，可以通过它的官网来了解这种主题的风格和样式。

除了这两种主题外，material 是最受欢迎的一个主题。这个主题也得到了 FastAPI 开发者的高度评价：

提示：

许多人喜欢 FastAPI、Typer 和 SQLModel 的原因之一是其文档。这里的关键因素是 Material for MkDocs 提供了丰富多样的方法，使得编者很容易向读者解释和展示各种各样的内容。同样的，结构化在 material 中也很容易实现。

要更换主题为 material，首先得安装 mkdocs-material 包：

```
pip install mkdocs-material
```

然后在 mkdocs.yml 中指定主题为 material：

```
site_name: An amazing site!

nav:
  - Home: index.md
  - 安装: installation.md
theme: readthedocs
```

提示：

如果是使用 PPW 创建的工程，则默认主题已经是 material，并且依赖都已安装好了。

Material for MkDocs 还提供了许多定制项，包括更改字体、主题颜色、Logo、Favicon、导航、页头（header）和页脚（footer）等。如果项目使用 GitHub 的话，还可以增加 Giscuss 作为评论系统。

material 天生支持多版本文档。它的多版本文档是通过 mike[①]来实现的。后面还要专门介绍 mike 工具。

---

① mike: https://github.com/jimporter/mike。

190

10.7.3 文件重定向

在第 10.6 节面临过同样的问题：README、HISTORY、AUTHORS、LICENSE 等几个文件，通常必须放在项目根目录下，而 Sphinx 在构建文档时，又只读取 docs 目录下的文件。

MkDocs 也存在同样的问题，不过好在有一个好用的插件 mkdocs-include-markdown-plugin[①]，在安装好之后，修改 index.md 文件，使之指向父目录的 README：

```
{%
    include-markdown "../README.md"
% }
```

修改 mkdocs.yaml，加载 include-markdown 插件：

```
site_name: Omicron

nav:
  - Home: index.md
  - 安装: installation.md
  - History: history.md

theme: readthedocs

plugins:
  - include-markdown
```

MkDocs 会将 index.md 转换成网站的首页。我们让 index.md 指向 README.md，从而使得 README.md 的内容成为网站的首页。

10.7.4 页面引用

在介绍 Markdown 语法时，介绍了超链接语法。有时候，需要在文档中引用其他页面，甚至是页面内的标题，这时候就需要用到内部链接。内部链接的语法是：

[页面标题] (页面路径#标题锚点)

要使用标题锚点，必须在配置中启用 toc 的配置。如下所示：

```
markdown_extensions:
  - toc:
      permalink: true
      toc_depth: 5
      baselevel: 2
      slugify: !!python/name:pymdownx.slugs.uslugify
```

注意上面的示例中 slugify 项的配置。这个配置的作用是允许在锚点中使用非英文字符。现在可以这样引用 "4.3.11 PPW 生成的文件列表" 节：

---

① Include-Markdown 插件：https://github.com/mondeja/mkdocs-include-markdown-plugin。

[PPW 生成的文件列表](chap04.md#PPW 生成的文件列表)

这将生成一个链接。单击这个链接，将跳转到"4.3.11　PPW 生成的文件列表"的标题处。

10.7.5　API 文档和 mkdocstrings

前面已经提到过 MkAPI 扩展，在测试中，mkdocstrings[①]的稳定性更好，社区活跃度也更高，因此这里仅介绍 mkdocstrings。

mkdocstrings 只支持 google style 的 docstring，在样式上支持 material、readthedocs 和 MkDocs 三种主题。要使用 mkdocstrings，需要先安装这个扩展：

```
poetry add mkdocstrings
```

再在 mkdocs.yaml 中配置：

```
plugins:
  - mkdocstrings:
      watch:
        - sample
```

mkdocstrings 有以下功能特性。

1. 交叉引用

在"10.7.4　页面引用"节中讲到的那些引用，在 mkdocstrings 中也是支持的。不过，需要在 mkdocs.yml 配置文件中启用一个名为 autorefs 的插件：

```
plugins:
    - search
    - autorefs
```

autorefs 插件并不需要安装，它会随 mkdocstrings 的安装而安装。

接下来主要讲解一下如何引用函数、类、模块对应的文档。在 mkdocstrings 中，此类引用类似使用 Markdown 引用语法的风格，但略有不同。举例如下：

```
01  With a custom title:
02  [`Object 1`][full.path.object1]
03
04  With the identifier as title:
05  [full.path.object2][]
```

可以看出，此类引用由两对方括号实现，而不是由一对方括号加一对圆括号。其中第一对方括号中的是标题，第二对方括号中的是引用对象的路径。也可以像第 5 行一样只使用默认的链接文字，即对象字面名。再解释一下引用对象的路径的含义。假设有一个库，名为 foo，其下面有一个模块 bar，这个模块定义了类 Baz，而类 Baz 又包含了方法 bark，则如果

---

① mkdocstrings：https://github.com/pawamoy/mkdocstrings。

要在某个方法（比如 dog_bark）中引用 bark 方法的文档，则 dog_bark 的文档应该如下（第 5 行）：

```
01  def dog_bark(msg: str) -> None:
02      """ Bark like a dog
03
04          See Also:
05              [Baz.bark][foo.bar.Baz.bark]
06          Args:
07              msg: The message to bark
08      """
09      ...
```

这里各层级对象之间的连接符都是 "."。这既简化了记忆量，也符合 Python 的动态类型特征——在 Python 中，一切都是对象。

提示：
如果 foo.bar.Baz.bark 函数并没有文档，那么将产生一个无效链接。

如果使用 mkdocstrings 过程中出现预期之外的结果，比如无法生成 API 文档，请检查并确保代码本身不存在导入错误等问题。

在 mkdocstrings 0.14 之后，跳转到某个函数文档内部的子标题的能力也具备了。在 0.16 之后，它又有了类似 intersphinx 的跨工程引用的能力。具体如何使用，请参考官方文档。

2. 与主控文档建立关联

一般地，要在 docs 目录下生成一个名为 api.md 的文档（文件名可以任意），并在 mkdocs.yml 中的 nav 一节中配置如下（第 5 行）：

```
01  nav:
02    - home: index.md
03    - installation: installation.md
04    - usage: usage.md
05    - modules: api.md
```

然后，在 api.md 中引入需要生成文档的各个模块：

```
::: my_package.my_module.MyClass
    handler: python
    options:
      members:
        - method_a
        - method_b
      show_root_heading: false
      show_source: false
```

上面的示例是一个配置项比较全的例子。一般也可以像这样配置：

```
::: sample.models.security
```

```
rendering:
    heading_level: 1
```

这样在模块 omicron.models.security 下的所有类和函数都会被生成文档。

对于大型工程，我们倾向于将 API 文档拆成多个部分，再通过 mkdocs.yml 关联起来，比如下面的例子：

```
# mkdocs.yml
nav:
  - 简介：index.md
  - 安装：installation.md
  - 教程：usage.md
  - API 文档：
    - timeframe: api/timeframe.md
    - triggers: api/triggers.md
    - security: api/security.md
```

对应地，在 docs/api 目录下生成了 security.md 等几个文档，每个文档中都只引入了自己关心的模块。

10.7.6 多版本发布

我们的软件始终在不断地迭代，而用户可能并不会随着我们的步伐升级。在这种情况下，我们必须提供多个版本的文档，以便用户能够根据自己的需要选择合适的版本。在 MkDocs 中，这一功能是由 mike 来实现的。

如果使用的是 mkdocs-material 主题，则只需要在 mkdocs.yml 中进行配置即可：

```
extra:
  version:
    provider: mike
```

这会使得在文档的 header 区域出现一个版本选择器，如图 10-18 所示。

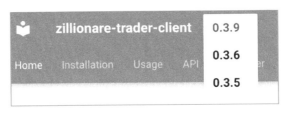

图 10-18　在文档的 header 区域出现一个版本选择器

10.8　在线托管文档

最好的文档分发方式是使用在线托管，一旦有新版本发布，文档能立即得到更新；并且，旧的版本对应的文档也能得到保留。readthedocs[①]（以下称 RTD）是 Python 文档最重要的托管网站，也是多年以来事实上的标准，而 GitHub Pages 则是后起之秀。由于它与 GitHub 有较好的集成性，部署更为简单方便，因此以介绍 GitHub Pages 为主。

10.8.1 RTD

关于如何使用 RTD，请参考它的帮助文档。这里只提示一下需要注意的几个核心概念：

1）RTD 构建文档的方式是，它从 GitHub 或者其他在线托管平台拉取文档和代码，在它的服务器上进行构建。所以，它对文档构建技术有选择性，目前它支持的工具有 Sphinx 和 MkDocs 两种。

2）在撰写文档时，往往会生成本地预览文档，但这份文档与 RTD 上的文档没有任何关系。本地预览正确不代表 RTD 能生成同样的文件。

3）如果设置了 RTD 自动同步代码并 build，那么每次往 GitHub 上 push 代码时，都会触发一次 build，并导致文档更新。所以正确的做法是将 RTD 绑定到特定的分支上（比如 release 分支和 main 分支），只有重要的版本发布时才往这个分支上 push 代码，从而触发文档编译。RTD 目前并不支持 tags。

4）RTD 编译文档时，可能会遇到各种依赖问题。首先应该绑定构建工具（Sphinx 和 MkDocs）的版本。RTD 提供了 readthedocs.yml 以供配置（放在项目根目录下）。使用的 API 文档生成工具可能还需要导入项目生成的 package，这种情况下，还需要为构建工具指定依赖。在这里[②]有这个配置文件的模板。

5）在文档构建中可能出现各种问题，为了帮助调试，RTD 发布了官方 docker image，供大家在本地使用。

基于上述原因，推荐使用 GitHub Pages 来托管文档，它简单易用，在本地完成构建，因此本地生成文档与 GitHub Pages 托管文档天然具有一致性，这将会节省不少时间。

10.8.2 GitHub Pages

GitHub Pages 是 GitHub 提供的静态站点托管服务，它的原理是由用户在本地（或者 CI 服务器上）编译好静态站点文件，签入 GitHub 服务器的某个分支，再设置该分支为 GitHub Pages 读取的分支即可。这样生成的网站使用 github.io 域名，支持 HTTPS 访问。如果需要使用自己的域名，它也提供了修改方式。

在 GitHub 上设置 GitHub Pages，如图 10-19 所示。

---

① readthedocs：https://readthedocs.org。

② 配置文件的模板：https://docs.readthedocs.io/en/stable/config-file/v2.html。

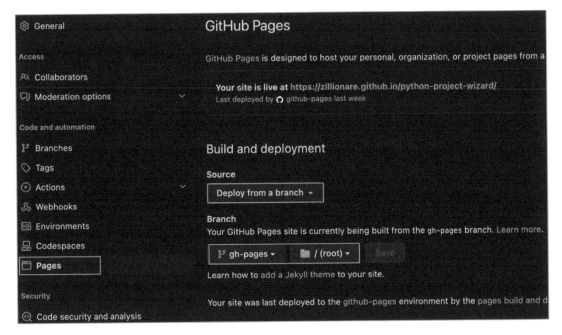

图 10-19　GitHub Pages 设置页面

当使用了 MkDocs 之后，如果要从本地发布文档，可以执行以下命令：

```
mkdocs gh-deploy
```

如果使用 mike 进行多版本发布，则不应该使用 MkDocs 来进行本地发布，而是应该使用 mike：

```
mike deploy [version] [alias] -push
mike set-default [version-or-alias]
```

第 1 行中，不仅指定了版本号，还给它指定了一个别名。别名有着非常实用的功能。在启用多版本部署之后，链接都会带上版本号，比如，http://.../myproject/0.1.0/topic。新版本发布后，这些链接必须全部更改，否则就会指向过时的文档（在个别情况下，也确实需要指向旧的版本号）。这时就可以使用叫 latest 的别名来解决这个问题，从一开始，链接就是 https://.../myproject/latest/topic，随着新版本发布，它总是指向最新的那个版本。

第 2 行中，指定了默认版本。在多版本部署下，如果不指定默认版本，则用户必须指定明确的版本号才能访问文档。但用户可能事先并不知道最新的版本是哪一个。这就是默认版本的作用。

10.9　结论：究竟选择哪一种技术

Sphinx + rst 这条技术栈比较成熟稳定，但学习曲线比较陡峭，rst 的一些语法过于烦琐，文档生成效率不高。MkDocs 正在成为构建静态站点和技术文档的新工具，相关功能、特性逐渐丰富，版本也趋于稳定，建议读者优先使用。

两种技术栈的比较如表 10-1 所示。

表 10-1　两种技术栈的比较

项目	Sphinx	MkDocs	说明
主控文档	index.rst	mkdocs.yml	—
API 文档	autodoc+autosummary	mkdocstrings	mkdocstrings 未达到 1.0 里程碑
文档重定向	rst 可支持	通过插件支持	—
警示文本	支持	通过扩展和主题支持	—
链接	文档内+跨项目	通过扩展支持	同 Sphinx
实时预览	第三方	内置	MkDocs 更高效
表达能力	非常强，够用	弱于 Sphinx	—
生产效率	一般	高效	—

第 11 章
发布应用

我们的探索之旅就要接近 Python 开发流水线的终点了。终点站的主题是如何打包和发布应用。

Python 开发项目的成果，可能是一个 Python 库（package），也可能是一个独立运行的应用程序（桌面应用程序或者后台服务）。

Python 库主要用作程序员之间复用代码（库）。PyPA[Python 软件基金会（Python Software Foundation，PSF）资助的一个核心项目]通过 PyPI 和一系列工具，为 Python 库的分发提供了事实上的标准和基础设施。

分发应用程序则要复杂不少，取决于使用的框架、技术和用户的使用方式，应用程序可能需要分发到服务平台（Serivce Platforms）——这一般适用于构建托管的 SaaS 服务，比如那些部署在 Heroku、Google App Engine 平台上的服务；也可能是部署在云上（无论是公有云还是私有云）的单个或者一组相互合作的容器——这些都是适合于服务的模式；也有可能这是个面向消费级用户的 App，可能需要通过 App Store、Android 市场，或者 Windows 商店来分发——这就还涉及向导式安装程序的制作，以及如何运行 Python 程序的问题。

Python 项目应该使用哪种方式进行分发，取决于用户的使用方式，以及是否涉及安装定制化。一些 Python 库可以通过 console script 的方式在命令行下运行。如果一个 Python 库以 pip 的方式安装后无须配置即可运行，并且用户自己知道如何安装 Python（及可能会创建虚拟环境），这样来分发应用也是允许的。但对多数消费级应用的用户而言，他们恐怕并不懂得如何通过 pip 来安装应用并在命令行下启动应用。此外，通过 pip 安装时，安装过程中接收用户输入是不被允许的，因此，安装过程无法定制（比如，无法让用户选择安装目的地，也无法让他们输入账户信息等）。

11.1 以 Python 库的方式打包和分发

在程序库的分发上，很多语言都建立了中央存储库和包管理器生态，比如 Java 的 Maven、Ruby 的 RubyGems、Node.js 的 npm、Rust 的 Cargo，甚至 C/C++也有了 Conan。与其他语言类似，Python 库的分发也是通过一个中央索引库（the Python Package Index，PyPI）来实现的，启用于 2003 年。PyPI 的启用是 Python 得以加速发展的重要因素，Python 广受欢迎的原因之一就是它的生态系统非常丰富，PyPI 则正是构建这个生态系统的核心。

让我们把时间拉回到 2000 年。当 Python 1.6 发布时，它添加了一个有意思的模块，distutils，开启了 Python 打包工具的开端。彼时它的功能还很简单，只提供了简单的打包功能，没有声明依赖和自动安装依赖的功能。

2004 年，distutils 演化成为 setuptools，引入了新的打包格式——egg。把打包格式命名为 egg 是一种程序员式的浪漫和幽默，因为蟒蛇是通过下蛋来实现繁殖的，而 Python 库正是 Python "开枝散叶" 的一个重要载体。同样的类比在其他语言中也存在，比如 Ruby 语言与 gems 的关系。egg 文件实际上就是一个 zip 包，只不过名字不同而已。这一阶段的 setuptools 还提供了一个新的命令 easy_install，用来安装 Python eggs。不过，这个命令在 2.7 版本之后就被移除了。

2008 年，PyPA 发布 pip，替换掉了 easy_install，随后将打包工具的行为标准化为 PEP 438。

在 2012 年，随着 PEP 427 的通过，一种新的打包格式，即 Wheel 格式，取代了 egg 格式，成为构建和打包（二进制）Python 库的标准格式。

Python 在虚拟环境、依赖解析和打包构建等领域都先后出现了多个方案来解决相似的问题，出现了让人莫衷一是的 "百花齐放"，如果没有经过系统的梳理，很多人难免会感到困惑，不知道哪一个方案能够通向未来，自己掌握的技术与资讯是否已经被社区抛弃。好在 Python 社区现在已经通过一系列的 PEP 回答了标准问题，相关的工具和生态逐渐在遵循标准的基础上建立起来了，今后这样的 "百花齐放" 可能会少一些。是否遵循最新的 PEP，也正是 PPW 工具和本书选择某项技术的标尺。

在 PPW 中，发布是在 GitHub Actions 中完成的。这部分已经在第 9 章中讲过了。关于手动发布，那么请回顾 "5.2.4　构建发行包" 那一节。

这里简要地提及一下，在 poetry 出现之前是如何发布 Python 库的，以防读者偶尔还会遇到需要维护老旧 Python 项目的情况。在 poetry 之前，需要通过 twine 命令来发布 Python 库。这个命令可以通过 pip 来安装：

```
$ pip install twine
```

尽管 PPW 生成的项目中使用了其他技术来发布 Python 库，但这个命令也保留了下来，用在 poetry build 之后，以检查构建物是否合乎 PyPI 的规定，防止发布失败。

11.1.1　打包和分发流程

在打包和发布过程中，一般需要经历以下几个步骤：

1）准备一份包含将要打包的库的源代码，通常是从版本控制系统检出。

2）准备一个描述包的元数据（如名称、版本等）以及如何创建构建工件的配置文件。对于大多数库，是指 pyproject.toml 文件，在源代码树中手动维护该文件。

3）完成构建，生成结果的文件格式是 sdist 和（或）wheel。这些是由构建工具使用上一步中的配置文件创建的。

4）将构建的结果上传到包分发服务（通常是 PyPI）。

此时，开发的 Python 库就出现在了分发服务器上。要使用这个库，最终用户必须下载和安装它。通常使用 pip 来完成这个过程。

1. 打包格式：sdist 和 wheel

sdist 和 wheel 是两种不同的打包格式，它们虽然在本质上都是 zip 格式，但两者在打包内容上有所不同，特别是当 Python 项目中包含需要编译的 C 代码时，这种区别就更明显。

sdist 格式的主要作用是通过推迟二进制文件的构建，使得 Python 库有可能安装到更多平台上去。比如，如果 Python 库中使用了 Cython 和 C 代码来进行性能优化，这部分代码是不具备 Python 那样的跨平台能力的。换言之，我们必须为每一个平台单独构建原生二进制文件。一般会为几个主要的平台预构建一些原生二进制文件，而一些特殊平台（比如 Raspberry Pi、Alpine）运行的二进制文件，往往就必须推迟到安装时在本机进行编译构建。此外，延迟构建也允许在构建时进行一些编译优化，以有效地利用平台的性能，这也是预构建方法所做不到的。此外，我们常常还会把单元测试、示例都打包在 sdist 格式中。

在 sdist 中会包含一个 setup.py 文件，如果该项目还包含一些 C 语言的扩展，那么这些文件也将包含在内。在安装时，setup.py 及必要的编译过程将在用户环境下执行，因此，sdist 格式的安全性较低。一个恶意的库可能在 setup.py 中引入任意的代码。

与 sdist 不同，wheel 中只包含已编译的可立即安装的文件。如果项目中包含 C 语言的扩展，这些扩展将在打包时被编译成二进制文件，再将其结果包含在 wheel 中。pip 在安装 wheel 时只是简单地复制文件。因此，wheel 格式的包在安装时会更快。

在 poetry 构建的项目中，一般会同时生成 sdist 和 wheel 格式的安装包，如果是 sdist 格式，poetry 会生成一个简单的 setup.py 文件。在安装时，如果没有特别指定，pip 总是优先选择 wheel 格式。

提示：

无论是 sdist 格式还是 wheel 格式，它们的安装都不是传统意义上的应用程序安装，即它们在安装过程中都不能接收用户输入，实现定制。尽管 sdist 当中存在 setup.py 的脚本可以执行任意代码，但该脚本仍然无法接收来自控制台的用户输入。这可能是一个不太为人所知的冷知识。总之，sdist 和 wheel 是用来打包程序库（package）的，它们不能用来制作应用安装程序。

2. 分发包的元数据

在创建的分发包中，包含了一个名为 METADATA 的文件。这个文件的内容如下所示：

```
Metadata-Version: 2.1
Name: sample
Version: 0.1.0
Summary: Skeleton project created by Python Project Wizard (ppw).
```

```
License: MIT
Requires-Python: >=3.8,<3.9
Classifier: Development Status :: 2 - Pre-Alpha
...
Classifier: Programming Language :: Python :: 3.9
Provides-Extra: dev
...
Requires-Dist: black (>=22.3.0,<23.0.0) ; extra == "test"
...
Requires-Dist: virtualenv (>=20.13.1,<21.0.0) ; extra == "dev"
Description-Content-Type: text/markdown
# 示例

this is hotfix 533
...


* 待办清单

## 鸣谢

This  package  was  created  with  the  [ppw](https://zillionare.github.io/python-project-
wizard) tool...
```

文件内容进行了适当的删节。下面简单介绍一下这个文件中的一些字段。

Name、Author、Author-email、License、Homepage、Keywords、Download-URL 等字段的含义不言自明，无须解释。在旧式的项目（即通过 setuptools 来打包的项目）中，这些字段都要指定在 setup.py 文件中，并传递给一个名为 setup 的可以接收非常多参数的函数。在使用了 poetry 的项目中，poetry 会从 pyproject.toml 文件中提取这些信息。

Platform 字段用来指定特殊的操作系统要求。

Supported-Platform 字段用来指定更详细的操作系统和 CPU 架构支持，比如指定 Linux 为 RedHat，或者 CPU 架构为 ARM 等。

Summary 字段来用简要地描述包的功能。在使用了 poetry 的项目中，它提取自 Description 字段。在 PyPI 上，显示效果如图 11-1 所示。

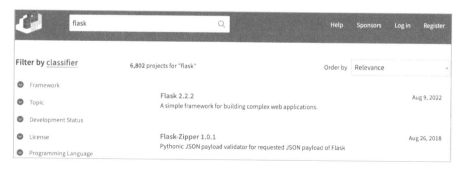

图 11-1　Summary 字段

Description 字段用来详细描述包的一些信息。Description-Content-Type 字段用来指定 Description 字段的内容类型，支持的类型有 Markdown 和 reStructuredText 两种。在使用了 poetry 的项目中，poetry 将自动把 README 的内容复制进来。在 PyPI 上，它将显示在图 11-2 中的右下侧（方框中）。

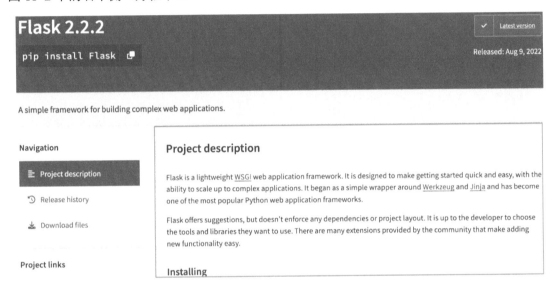

图 11-2　项目描述信息

Classifier 字段描述了项目的一些分类属性。这些属性会在 PyPI 上显示，并且可以作为筛选条件来进行查找和过滤，如图 11-3 所示。

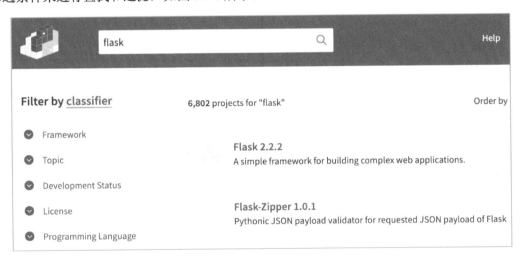

图 11-3　分类符信息

PyPI 的分类系统是一个树形结构，最顶层是框架（Framework）、主题（Topic）、开发状态（Development Status）、操作系统（Operating System）等 10 个大类别。其实，PyPI 上的第三方库可谓浩如烟海，人工查询这些分类意义并不大。这些分类符有助于 PyPI 组织和管理所有的库，但并不是强制的。但是，PyPA 仍然推荐在任何项目中都至少声明该库工作的 Python 版本、License、操作系统等分类。

此外，新加入的 Typing 分类符比较有意思。它的作用是告诉 PyPI 本项目是一个支持类型注解的项目。如果是一个类型注解就绪的项目，那么应该在项目的源代码目录下加入 py.typed 文件，并在 pyproject.toml 中加入这个分类符：

```
classifiers=[
    'Typing :: Typed',
]
```

Requires-Dist 字段用来描述项目的依赖关系。在安装 pip 时，需要读取这个字段以发现哪些依赖需要安装。

Requires-Python 字段表明这个项目需要的 Python 版本。

遗憾的是，尽管每一个包都包含了这些信息，但是一些重要的信息，特别是像 requires-dist 这样的信息，PyPI 并没有将其提取出来单独管理。其他语言的库管理器，比如 maven，在这一点上做得更好。为什么这是一个遗憾，我们将在后文讲到。

11.1.2　TestPyPI 和 PyPI

在 PPW 生成的项目中，dev 工作流中的 publish 任务会将构建物发布到 TestPyPI。这是一个供测试用的 PyPI。这么做的目的有两个，一是希望 CI 总是覆盖到开发全过程，因此构建和发布这两步也不应该缺失。二是在一个大型应用中，可能同时开发多个相互依赖的项目，此时就需要借助 TestPyPI，使得当某个项目有了更新的版本但又不到正式发布阶段时，其他依赖于它的项目也能够使用到这个项目最新的版本。在这种情况下，可以在 pyproject 中添加第二个源，指向 TestPyPI，这样当指定该项目的最新开发版本时，poetry 就会查找 TestPyPI。

下面举例说明如何通过 TestPyPI 向项目添加一个非正式发布版本。

以大富翁量化框架为例。这是一个包含了多个模块的大型应用。其中，zillionare-omicron 是数据读写的 sdk，zillionare-omega 是行情数据服务器，它依赖于 zillionare-omicron。还有许多其他模块，不过要理解这里的示例，只需要知道这两个模块就够了。实际上，读者可以完全不知道什么是大富翁量化框架，只需要知道几个模块之间的依赖关系就可以了。

假设 zillionare-omicron 当前最新的开发版本是 1.2.3a1。zillionare-omicron 使用了基于语义的版本管理方案，因此从版本号上得知，这不是正式版本，只会发布到 TestPyPI 上去。如果要在项目中使用这个版本，需要先将 TestPyPI 添加为一个源，然后在 pyproject.toml 中指定 zillionare-omicron 的版本为 1.2.3a1。这样，当执行 poetry install 时，poetry 就会从

TestPyPI 中查找 zillionare-omicron 的 1.2.3a1 版本，然后安装到本地。

在 "5.2.2 依赖管理" 一节介绍过如何增加第二个源。这里用同样的方法来增加 TestPyPI 源：

```
$ poetry source add -s testpypi https://test.pypi.org/simple
```

然后，pyproject.toml 文件中将会增加这样一项：

```
[[tool.poetry.source]]
name = "testpypi"
url = "https://test.pypi.org/simple"
default = false
secondary = true
```

现在就可以把对 zillionare-omicron 的开发中版本的依赖加进来：

```
$ poetry add -v zillionare-omicron^1.2.3a1
```

命令成功执行后，可以从更新后的 pyproject.toml 中看到对 zillionare-omicron 的引用。如果没有添加 TestPyPI 这个源，则上述命令在执行时会报出以下错误：

```
Using virtualenv: /home/aaron/miniconda3/envs/sample

  ValueError

  Could not find a matching version of package zillionare-omicron

  at ~/miniconda3/envs/sample/lib/python3.8/site-packages/poetry/console/commands/init.py:
414 in_find_best_version_for_package
      410 |            )
      411 |
      412 |            if not package:
      413 |                # TODO: find similar
    → 414 |                raise ValueError(f"Could not find a matching version of package {name}")
      415 |
      416 |            return package.pretty_name, selector.find_recommended_require_version(package)
      417 |
      418 |        def _parse_requirements(self, requirements: list[str]) -> list[dict[str, Any]]:
```

11.1.3 pip：Python 包管理工具

读者可能感到好奇，pip 几乎是所有学习 Python 的人最早接触的几个命令之一，也是本书最早使用的命令之一，为什么本书安排到最后来介绍？原因是，因为大家非常熟悉 pip 了，所以对 pip 的一般性介绍已经不太有必要了。值得一提的是，pip 同样面临着依赖解析的问题，最适合讨论这个问题的地方，则是在了解了构建和分发系统的全貌之后。

在 "第 5 章 poetry：让项目管理轻松一些" 一章中介绍过依赖解析，但 poetry 只解决了开发阶段的依赖问题，并为安装阶段的依赖解析打下了良好基础，但是，pip 仍然要独自面临依赖解析问题。

下面的示例来自 pip 的文档：

```
$ pip install tea
Collecting tea
  Downloading tea-1.9.8-py2.py3-none-any.whl (346 kB)
    |████████████████████████████████| 346 kB 10.4 MB/s
Collecting spoon==2.27.0
  Downloading spoon-2.27.0-py2.py3-none-any.whl (312 kB)
    |████████████████████████████████| 312 kB 19.2 MB/s
Collecting cup>=1.6.0
  Downloading cup-3.22.0-py2.py3-none-any.whl (397 kB)
    |████████████████████████████████| 397 kB 28.2 MB/s
info: pip is looking at multiple versions of this package to determine
which version is compatible with other requirements.
This could take a while.
  Downloading cup-3.21.0-py2.py3-none-any.whl (395 kB)
    |████████████████████████████████| 395 kB 27.0 MB/s
  Downloading cup-3.20.0-py2.py3-none-any.whl (394 kB)
    |████████████████████████████████| 394 kB 24.4 MB/s
  Downloading cup-3.19.1-py2.py3-none-any.whl (394 kB)
    |████████████████████████████████| 394 kB 21.3 MB/s
  Downloading cup-3.19.0-py2.py3-none-any.whl (394 kB)
    |████████████████████████████████| 394 kB 26.2 MB/s
  Downloading cup-3.18.0-py2.py3-none-any.whl (393 kB)
    |████████████████████████████████| 393 kB 22.1 MB/s
  Downloading cup-3.17.0-py2.py3-none-any.whl (382 kB)
    |████████████████████████████████| 382 kB 23.8 MB/s
  Downloading cup-3.16.0-py2.py3-none-any.whl (376 kB)
    |████████████████████████████████| 376 kB 27.5 MB/s
  Downloading cup-3.15.1-py2.py3-none-any.whl (385 kB)
    |████████████████████████████████| 385 kB 30.4 MB/s
info: pip is looking at multiple versions of this package to determine
which version is compatible with other requirements.
This could take a while.
  Downloading cup-3.15.0-py2.py3-none-any.whl (378 kB)
    |████████████████████████████████| 378 kB 21.4 MB/s
  Downloading cup-3.14.0-py2.py3-none-any.whl (372 kB)
    |████████████████████████████████| 372 kB 21.1 MB/s
```

要品一口香茗，除了好茶，还得有热水、茶匙和杯子。在这里，tea 依赖于 hot-water、spoon、cup。当安装 tea 时，pip 下载了最新的 spoon 和 cup，发现两者不兼容，于是它不得不向前搜索兼容的版本，这个功能被称之为回溯，是从 20.3 起才有的功能。由于依赖信息不能通过查询 PyPI 得到，因此它不得不一次又一次地下载早期版本的包，从这些包中提取依赖信息，看是否与 spoon 兼容，不断重复这个过程直到找到一个兼容的版本。

这个过程在 poetry 进行依赖解析时也看到过。在 "5.2.2　依赖管理" 一节中解释过，

PyPI 上并没有某个库的依赖树，所以，poetry 要知道某个库的依赖项，就必须先把它下载下来。这个说法其实只是部分正确。从 "11.1.1　打包和分发流程" 一节知道，这些信息已经上传到了 PyPI，只是由于某些历史原因，PyPI 并没有把它们单独提取出来供使用而已。

人们花了这么多工夫来解决依赖问题，看来 "依赖地狱" 一说，并非虚妄。

问题是，既然 poetry 在添加依赖时已经进行过依赖解析了，又生成了 lock 文件，为何 pip 不能直接使用那些信息，还要重新进行一次依赖解析呢？现在请打开 sample 工程构建出来的 wheel 文件。我们说过，它是 zip 格式的压缩文件。打开后，其内容如下：

```
.
├── sample
│   ├── __init__.py
│   ├── app.py
│   └── cli.py
└── sample-0.1.0.dist-info:
    ├── LICENSE
    ├── METADATA
    ├── RECORD
    ├── WHEEL
    └── entry_points.txt
```

在这里找不到任何跟 poetry 有关的东西。这并不奇怪，毕竟，poetry 与 pip 不属于同一个开发者，而 poetry 还不是标准库的一部分，所以 pip 没有理由去解析任何 poetry 直接相关的东西。所有的依赖信息都在 METADATA 文件里，特别是 Requires-Dist：

```
Requires-Dist: black (>=22.3.0,<23.0.0) ; extra == "test"
Requires-Dist: fire (==0.4.0)
Requires-Dist: flake8 (==4.0.1) ; extra == "test"
Requires-Dist: flake8-docstrings (>=1.6.0,<2.0.0) ; extra == "test"
Requires-Dist: isort (==5.10.1) ; extra == "test"
```

可以看到，有一些依赖指定了精确的版本，有的则只指定了版本范围，这里使用的是不等式语法。所以，尽管 poetry 通过 lock 文件锁定了精确的版本，但 lock 文件只会在开发者之间共享，以加快他们构建的开发环境速度，而不会发布给终端用户。发布给终端用户的依赖信息，是 poetry 按照 pyproject.toml 文件的内容生成的，两者语义完全一致，只不过 poetry 允许开发者使用包括通配符、插字符、波浪符、不等式等多种语法来指定版本号，而在生成 METADATA 文件时，都被转换成不等式语法而已。我们再来回忆一下 sample 项目中的 pyproject.toml 文件的相关部分：

```
fire = "0.4.0"

black = { version = "^22.3.0", optional = true}
isort = { version = "5.10.1", optional = true}
flake8 = { version = "4.0.1", optional = true}
flake8-docstrings = { version = "^1.6.0", optional = true }
```

poetry 为何不将 lock 文件中锁定的版本号写入 METADATA 文件中呢？这是因为 lock 文件完全锁死了依赖的版本号，这样虽然安装速度变快，但也会导致任何更新都不可用，包括安全更新。

在 poetry 向项目中增加一个依赖时，如果发生了回溯，那么极有可能在安装 pip 时也发生同样的回溯。要加快 pip 安装的速度，应该查看 poetry.lock 文件，找出其锁定的版本，以它为基点，重新指定一个恰当的版本范围，这样可以极大程度上避免在安装 pip 时发生回溯。

一个好消息是，根据 pip 的文档，致力于不下载 Python package 就能得到其依赖信息的方案正在工作当中。让我们期待它的到来吧。

11.2 应用程序分发

应用程序的打包分发，按它最终的目标分，又可大致分为桌面应用程序和移动应用程序。前者一般只需要借助一些打包工具；后者往往要在一开始就要从框架入手进行支持。

11.2.1 桌面应用程序

Python 打包桌面应用程序的选项非常之多，包括跨平台的，如 PyInstaller[①]、Nuitka[②]、briefcase[③]，专用于 Windows 的 py2exe[④] 和专用于 macOS 的 py2app[⑤] 等。此外，还有 cx_Freeze、makeself[⑥] 等。这里将介绍 makeself、 PyInstaller、Nuikta。

在介绍这些工具之前，先讨论下打包分发一个桌面应用程序意味着什么？当分发一个 Python 库时，用户是程序员，他们应该掌握诸如创建虚拟环境、安装依赖等基本的 Python 知识。而当分发一个桌面应用程序时，用户是普通用户，他们很可能不具备这些知识，而且很可能都不知道如何运行一个 Python 程序。因此，还需要帮他们创建程序运行的入口（比如，将程序入口放到启动菜单、桌面快捷方式等）。此外，在安装时，可能还需要询问用户安装目录、显示并让用户接受许可协议等。这些都是打包分发桌面应用程序的基本要求。

我们将介绍的工具，不是都具有上述能力，请读者注意辨别，根据需要做出选择。

1. makeself 的多平台安装包

makeself 是一个可用在 UNIX/Linux 和 macOS 下的自解压工具。如果用户使用 Windows，则在安装了 cygwin 的前提下，也可使用（不过，这样基本上就将普通用户排除在外了，所以并不是好的方案）。makeself 本身是一个小型 shell 脚本，可从指定目录生成可自

---

① PyInstaller：https://pyinstaller.org/。

② Nuitka：https://nuitka.net/。

③ briefcase：https://briefcase.readthedocs.io/。

④ py2exe：https://www.py2exe.org/。

⑤ py2app：https://py2app.readthedocs。

⑥ makeself：https://makeself.io/。

解压的压缩文档。生成的文件显示为 shell 脚本，并且可以在 shell 下启动执行，执行时，这个压缩文档将自行解压缩到一个临时目录，然后执行事先指定的命令（例如安装脚本）。这与在 Windows 世界中使用 WinZip Self-Extractor 生成的档案非常相似。makeself 档案还包括用于完整性自我验证的校验和（CRC 和/或 MD5/SHA256 校验和）。

makeself 工具在运维领域应用非常广泛，在 GitHub 上也有数量过千的星数。另外，对于 Python 开发者来说，这个概念很可能并不陌生。如果读者在 Ubuntu 下安装过 Anaconda，就可能知道 Anaconda 的安装包就是一个类似于 shell 脚本的压缩包，但不确定的是，它是用 makeself 打包的还是用其他工具打包的。

makeself 的使用方法也非常简单。在 Ubuntu 下，它可以通过以下命令安装：

```
$ sudo apt-get install makeself
```

在其他操作系统上，可能需要从其官网下载安装。也可以通过 conda 命令来安装：

```
$ conda install -c conda-forge makeself
```

它的用法如下：

```
$ makeself.sh [args] archive_dir file_name label startup_script [script_args]
```

args 是 makeself 的可选参数。参数比较多，涵盖了如何压缩、是否加密、解压缩行为等，这里就不一一详述。请读者在需要时参考官方文档。

在准备阶段，通常把要打包安装的文件都放在一个目录下。archive_dir 就是这个目录名，比如项目下的 dist 文件夹；file_name 是最终制作出的安装文件名，比如 install_sample.sh；label 是安装文件的描述，比如 "Install sample"；startup_script 是安装文件解压后要执行的脚本，比如 install.sh；script_args 是 startup_script 的参数。

仍以 sample 项目为例，可以使用以下脚本来完成打包：

```bash
#!/bin/bash

poetry build
rm -rf /tmp/sample
mkdir /tmp/sample

version=`poetry version | awk '{print $2}'`

echo "version is $version"
# 准备归档文件
cp dist/sample-$version-py3-none-any.whl /tmp/sample/

# 准备安装脚本
echo "#! /bin/bash" > /tmp/sample/install.sh
echo "pip install ./sample-$version-py3-none-any.whl" >> /tmp/sample/install.sh
chmod +x /tmp/sample/install.sh
```

```
# 使用 makeself 打包
makeself /tmp/sample install_sample.sh "sample package made by makeself" ./install.sh
```

这里使用了一个名为 install.sh 的脚本作为启动脚本。这个脚本仅仅演示了如何执行安装命令，一个完整的脚本安装过程可能需要以下几步：

1）检查符合版本要求的 Python 是否可用，如果不可用，下载并安装。这里也可以询问用户意见，如果用户不接受，则退出安装。

2）安装 virtualenv。如果当前环境下不存在 virtualenv 的话，通过 pip install virtualenv 命令安装。

3）通过 virtualenv --no-site-packages venv path/to/your/app 命令创建一个新的虚拟环境，应用程序应该在此虚拟环境下运行。虚拟环境的路径也将是安装路径，这需要向用户询问并接收输入。参数--no-site-packages 的作用是不将系统环境中的包复制过来，这样可以得到一个干净的虚拟环境。

4）将解压后的应用程序复制 path/to/your/app 中。

5）切换目录到 path/to/your/app 下，用 source venv/bin/activate 命令激活虚拟环境。

6）用 pip install ./sample-$version-py3-none-any.whl 命令安装应用程序。安装完成后，这个 whl 文件也可以删除。

7）创建一个启动脚本（假设名字为 start.sh），这个启动脚本的作用是通过虚拟环境中的 Python 来调用应用程序 sample。如果 sample 程序提供了 console script，那么启动脚本的任务就是直接调用它；否则，就要看 sample 的入口程序是如何提供的了。这部分请读者自行完成。

8）创建一个软链接，将启动脚本链接到/usr/local/bin 下，这样就可以在任何地方通过 sample 来启动应用程序了。创建软链接的命令是：$ sudo ln -s path/to/your/app/start.sh /usr/local/bin/sample。

2. PyInstaller 和 Nuitka

这两者都是打包工具。其目标都是将 Python 程序打包成一个自包含的可执行文件（也可能是文件夹）。这样就可以将其分发给客户，无论客户的目标机器上是否安装有 Python，都可以直接运行，并且所有的依赖都已经包含了。除了上述功能外，两个工具都还有加密 Python 程序的能力，这也是不少开发者所需要的功能。

不同的是，PyInstaller 只对 Python 程序进行打包，即从指定的 Python 文件开始，递归分析它的依赖项，将这些依赖项和适配的 Python 解释器一并打包。在这个过程中，它可以按要求对生成的字节码进行一定的混淆，从而起到加密的作用。最终应用程序的运行方式跟普通的 Python 程序一样，通过解释器来执行。

Nuitka 则是将 Python 程序编译成 C 代码，然后再编译成可执行文件。这样，生成的可执行文件就不依赖于 Python 解释器了。这样做的好处是，生成的可执行文件更小，理论运行速度应该比肩 C 程序。不过，Python 程序转换为 C 语言时可能会遇到一部分兼容性问题，在这种情况下，Nuitka 会优先考虑兼容性问题，而不是优化速度，因此一般认为加速在

30% 以内。使用 Nuitka 打包的另一个好处是，由于发布的是二进制文件，因此能比较好地保护源代码。

看上去，Nuitka 似乎更有发展前景，毕竟，它有性能加成的因素。随着使用 Type Hint 的 Python 库越来越多，这种性能加成将会越明显。因此，这里只对 Nuitka 进行简单介绍。如果读者对 PyInstaller 感兴趣，可以按照文中给出的官网链接自行学习。

下面以一个简单的例子来说明如何使用 Nuitka 打包 Python 程序。尽管所有的示例都推荐在 Ubunutu 或者 macOS 上运行，但这一次需要在 Windows 上运行这个示例。

首先要安装 Nuitka，可以通过 pip 安装（注意需要创建一个虚拟环境，在其中安装 Nuitka）：

```
$ pip install nuitka
```

然后，创建一个名为 greetings.py 的文件，内容如下：

```
import fire

def greeting(name: str):
    print(f"hi {name}")

fire.Fire({
    "greeting": greeting
})
```

接下来就是见证奇迹的时刻，我们这样进行打包：

```
python -m nuitka greetings.py
```

在给出以下警示后，程序继续运行：

```
Nuitka-Options:INFO: Used command line options: greetings.py
Nuitka-Options:WARNING: You did not specify to follow or include anything but main
program. Check options and make sure
Nuitka-Options:WARNING: that is intended.
Nuitka:WARNING: Using very slow fallback for ordered sets, please install 'orderedset'
PyPI package for best Python
Nuitka:WARNING: compile time performance.
```

Nuitka 在编译中给出了一些性能相关的警告。对这个简单的程序，这些警告不会有任何影响。比如，其中一条是，如果程序中使用了 set，那么应该安装 orderedset，这样可以提高运行速度。接下来要求下载并安装 MinGW-w64 和 ccache。如果下载失败，需要自行下载，并且将下载的压缩包解压缩后按提示放到指定的位置，比如 C:\Users\Administrator\AppData\Local\Nuitka\Nuitka\Cache\downloads\gcc\x86_64\11.3.0-14.0.3-10.0.0-msvcrt-r3。这个位置可能会因为操作系统不同而不同，但都会打印在命令行窗口中。

接下来，开始进行编译：

```
Nuitka:INFO: Starting Python compilation with Nuitka '1.4.3' on Python '3.8' commercial
grade 'not installed'.
Nuitka:INFO: Completed Python level compilation and optimization.
Nuitka:INFO: Generating source code for C backend compiler.
Nuitka:INFO: Running data composer tool for optimal constant value handling.
Nuitka:INFO: Running C compilation via Scons.
Nuitka-Scons:INFO: Backend C compiler: gcc (gcc).
Nuitka-Scons:INFO: Backend linking program with 6 files (no progress info rmation
available).
Nuitka-Scons:INFO: Compiled 24 C files using ccache.
Nuitka-Scons:INFO: Cached C files (using ccache) with result 'cache miss': 6
Nuitka:INFO: Keeping build directory 'greetings.build'.
Nuitka:INFO: Successfully created 'greetings.exe'.
Nuitka:INFO: Execute it by launching 'greetings.cmd', the batch file needs to set
environment.
```

根据提示，它将 Python 代码转换成 C 的源码，并进一步编译成 Windows 上可以运行的原生程序。最终得到了两个文件，一个是 greetings.exe，另一个是 greetings.cmd。如果是在刚刚进行打包的窗口中，则可以直接运行 greetings.exe，否则应该运行 greetings.cmd。

运行结果如下：

```
$ greetings.exe greeting aaron

hi aaron
```

这仅仅是一个命令行程序，如果打算从资源管理器里找到它，双击并运行它，会被提示缺少某些 Python 的 DLL。为了使这个程序能完全独立运行，需要在打包时加上--standalone 参数：

```
$ python -m nuitka --standalone --follow-imports greetings.py
```

这一次又会提示下载一些东西，主要是 msvc 的运行时，但这次下载会非常顺利。编译成功后，得到了一个名为 greetings.dist 的文件夹。现在如果 greetings 是一个带图形界面的应用，就可以在资源管理器中直接双击 greetings.exe 运行了。不过，由于 greetings 程序需要接收用户输入，因此还要从命令行中打开它。不过，这次可以将新生成的文件夹复制到另一台没有安装 Python 和 Nuitka 的机器上，然后在命令行下运行 greetings.exe：

```
$ greetings.exe greeting aaron

hi aaron
```

Nuitka 的打包构建过程已经可以和 poetry 整合，只需要这样修改 pyproject.toml 即可工作：

```
[build-system]
requires = ["setuptools>=42", "wheel", "nuitka", "toml"]
```

```
build-backend = "nuitka.distutils.Build"

[nuitka]
# 这些设置并不推荐，但它们的效果显而易见

# 设置布尔值。比如，如果想看到 C 编译命令的输出，请启用此项
# 前导破折号已省略
show-scons = true

# 单值选项。比如，启用 Nuitka 插件
enable-plugin = pyside2

# 多值选项。比如，避免打包某些模块，接受列表变量
nofollow-import-to = ["*.tests", "*.distutils"]
```

现在思考一下 PyInstaller 和 Nuitka 的定位。它们都是打包程序，但它们并不是安装程序。通过打包，实现的目标是让这些程序可以在用户的桌面操作系统上，在不安装 Python 和依赖的情况下就可以直接运行，但是，它只适合无须安装的"绿色程序"，如果程序需要创建桌面快捷方式，修改注册表，那么它将无能为力。

如果程序需要有一个较华丽的安装界面，建议查看一下 Inno Setup[①]或者 WiX[②]。

11.2.2 移动应用程序

移动应用程序与桌面应用程序有很大的不同，一般来说，即使能把一个桌面应用程序打包成能安装的移动应用程序，其用户体验也很难说会有多好。因此，对于 Python 移动应用程序的打包和分发，必须从一开始就进行规划，必须一开始就使用相关的跨平台开发框架。

这里主要介绍和比较两个最流行的框架，Kivy 和 BeeWare，读者可以根据自己的需要进行选择。

1. Kivy

Kivy[③]是一个跨平台的 Python 框架，它可以让我们使用 Python 来开发桌面应用程序和移动应用程序。它基于 MIT License，完全免费。它的主要特点是，有自己的 UI 设计语言，因此在所有的设备上，应用程序都有一致的行为和外观；它使用 OpenGL 来绘制 UI，因此十分高效。图 11-4 是使用 Kivy 开发的一个围棋游戏，名为 Lazy Baduk，可以在谷歌应用商店中找到它。

提示：

如果读者对围棋感兴趣，这里推荐一个名为 KaTrain 的围棋训练软件，它也是用 Python 和 Kivy 开发的。

---

① Inno Setup：https://jrsoftware.org/isinfo.php。

② WiX：https://wixtoolset.org/。

③ Kivy：https://kivy.org。

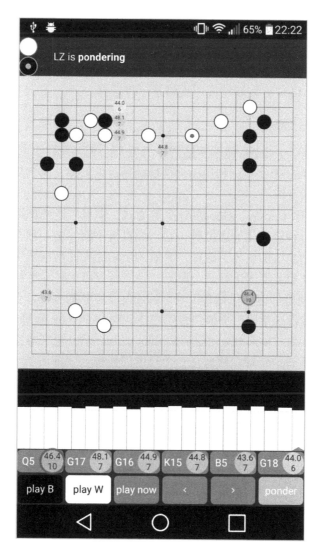

图 11-4　使用 Kivy 开发的围棋游戏

　　Kivy 的短板可能也在于其独特的 UI 设计语言。Kivy 的 UI Toolkit 保证了基于 Kivy 的应用程序可以很好地运行在 Android、iOS、Linux 甚至 Raspberry Pi 上，但是也使得它缺少了原生应用程序的某些操作能力。

　　2．BeeWare

　　BeeWare[①]同样是一个跨平台的 Python 框架。它基于 BSD License，完全免费。它的主要特点是，它致力于提供接近原生程序的用户体验。另外，它是组件式的，BeeWare 包含了BriefCase，这是另一个被广泛使用的 Python 打包工具。Toga，一个基于 Python 的跨平台

　　① BeeWare：https://beeware.org/。

GUI 框架，也是 BeeWare 的一部分。

是否能利用移动设备的最新特性，对能否打造一款吸引人的移动应用是十分重要的。出于这个考虑，也许 Python 目前仍不是最适合的开发语言，但是，不管是 Kivy，还是 BeeWare，它们都为 Python 开发移动应用提供了一种选择。

11.2.3 基于云的应用部署

比起桌面应用程序，Python 似乎更适用于开发后台服务程序。在微服务架构下，多进程+异步 IO，使得 Python 无法充分利用硬件性能的短板被补齐，而它简洁、高效和丰富生态的优势则得到了充分的发挥。

Python 的云部署有 Heroku、GoogleApp 等方式。但更广泛的使用方式可能是基于云的容器化部署。容器是一种轻量化的虚拟机，它与虚拟机不同的是，它不需要一个完整的操作系统，而是直接使用宿主机的内核。这样，容器的启动速度比虚拟机快很多，而且它们占用的资源也更少。一般使用容器来运行某个服务，当该服务停止时，容器也就终结了。

Docker 是目前最流行的容器化部署工具。构建基于容器的服务，一般分为两个步骤：构建镜像和运行容器。镜像通常由一个操作系统内核、一个 Python 解释器，以及 Python 服务组成。这些组件可以通过 Dockerfile 来描述。Dockerfile 是一个文本文件，它包含了一系列命令和参数，用以构建一个镜像。镜像是一个只读的模板，它描述了一个 Docker 容器应该如何运行。当镜像被 Docker 运行时拉取到本地并执行时，就会生成一个容器，并且服务就在容器中运行。

下面通过一个例子来说明如何构建和运行一个 Python 服务的容器。示例的源代码在 code/chap11/docker 目录下。仍然通过 PPW 来创建一个名为 sample 的项目。与以往不同的是，这次将在项目根目录下创建一个名为 docker（名字可任意）的目录，其中包含以下文件：

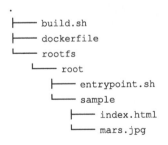

```
.
├── build.sh
├── dockerfile
└── rootfs
    └── root
        ├── entrypoint.sh
        └── sample
            ├── index.html
            └── mars.jpg
```

所有跟构建镜像相关的文件都放在这个目录下。

其中，build.sh 是一个脚本，用于构建镜像。dockerfile 用于描述镜像。rootfs 是一个目录，用于存放需要放到镜像中的文件。在构建镜像时，它将被映射为容器的根目录。

build.sh 的主要工作是构建 sample 项目，将相应的文件复制到 rootfs 目录下，再执行 docer build 命令来构建镜像。

以下是 build.sh 的主要内容：

```
version=`poetry version | awk '{print $2}'`
wheel="/root/sample/sample-$version-py3-none-any.whl"

poetry build

# 将 wheel 包复制到 rootfs 目录下以便构建镜像时进行安装。也可以将 wheel 包上传到 PyPI，
# 然后在 Dockerfile 中通过 pip install sample 命令安装
cp ../dist/*$version*.whl rootfs/root/sample/

# 移除上一次编译生成的镜像，重新构建。这将生成一个名为 sample 的镜像
# 注意在构建过程中通过 --build-arg 传入编译期变量给镜像
docker rmi sample
docker build --build-arg version=$version --build-arg wheel=$wheel . -t sample

# 启动服务
docker run -d --name sample -p 7878:7878 sample
```

在这个构建脚本里，首先构建了 sample 项目的 wheel 包，然后将它复制到 rootfs 目录下。接着执行 docker build 命令，构建了一个名为 sample 的镜像，最后，以此镜像为基础，启动了一个名为 sample 的容器，并且将端口 7878 映射为主机端口。

Dockerfile 是本节的核心，现在来看看 Dockerfile 的内容：

```
FROM python:3.8-alpine3.17

WORKDIR /
COPY rootfs ./

ARG version
ARG pypi=https://pypi.tuna.tsinghua.edu.cn/simple
ARG wheel
ENV PORT=7080

RUN pip config set global.index-url ${pypi} \
    && pip install ${wheel}

EXPOSE $PORT
ENTRYPOINT ["/root/entrypoint.sh"]
```

构建任何镜像时，都是从一个基础的镜像开始。这个基础镜像可以是像 Alpine Linux 或者 Ubuntu 这样的操作系统镜像，也可以是构建在操作系统之上的应用镜像，比如示例中的 python:3.8-alpine3.17 就是一个构建在 Alpine Linux 操作系统之上的 Python 应用镜像。镜像的标识符一般是"开发者/镜像名:版本"的形式。这里冒号之后的字符串是标签，一般是其版本号，如果不指定版本，那么默认是 latest。如果没有指定开发者，意味着这是一个来自官方的镜像，或者是用户自己构建的本地镜像。

镜像的分发是一个二级架构。如果在本地不存在 python:3.8-alpine3.17 这个镜像，Docker 就会去 Docker Hub[①]上查找。Docker Hub 类似于 PyPI，是一个公共的镜像仓库，它提供了大量的镜像供我们使用。现在来看看 Docker Hub 上的 python:3.8-alpine3.17 镜像究竟是什么。在 Docker Hub 上，要通过镜像名（即不带版本标签）来搜索。这样得到如图 11-5 所示的结果。

图 11-5　Docker Hub 上的 Python 镜像

这个镜像被下载超过 10 亿次。这不仅说明 Python 使用广泛，也说明了 Python 在后台服务开发上有多重要。

单击图 11-5 中的链接，进入详情页，找到 3.8-alpine3.17 标签，单击，跳转到 GitHub上，查看其 Dockerfile 的内容，如图 11-6 所示。

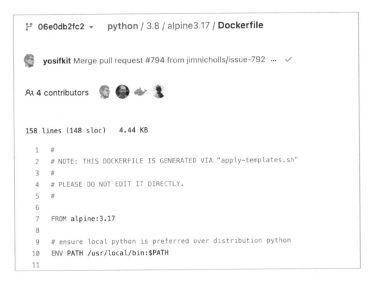

图 11-6　GitHub 上的 Dockerfile

Alpine 是一个轻量级的发行版 Linux。基于 Alpine 构建的镜像，其大小只有 5MB 左右，因此常常是构建微服务的首选。镜像最终也是使用这个操作系统内核。

然后指定当前的工作目录为根目录，并将 rootfs 目录下的文件复制到容器的根目录下。接

---

① Docker Hub：https://hub.docker.com。

着，它安装了 sample 项目的 wheel 包。最后，它设置了容器的入口点为/root/entrypoint.sh。

用 ARG 来传递 Docker 编译期变量。这里的 version 和 wheel 是两个编译器变量，它们是由 build.sh 通过--arg $version 传递进来的。EXPOSE 将端口暴露出来。在 entrypoint.sh 中启动了一个监听在$PORT 上的 HTTP 服务，必须把这个端口暴露给主机，以便可以从主机上访问这里的服务。

接下来看看 entrypoint.sh 的内容：

```sh
#!/bin/sh

python3 -m http.server -d /root/sample $PORT
```

这只是一个演示性的程序，并没有用到 sample 的任何功能，只是简单地通过 Python 的内置 http 模块来启动了一个 Web 服务。读者只需要知道，如果想使用 sample 的功能，可以在这里调用它的命令即可。这与在其他地方调用它没有任何不同。

在本地测试通过后，就可以在 Docker Hub 上注册账号，将镜像发布上去供其他人下载，这样就完成了基于容器的应用发布。当然，也可以建立一个私有云的镜像仓库，将镜像发布到私有云上，供内部部署使用。最终，构建的镜像只有 66MB 左右。实际上，由于 Docker 文件系统的分层设计，如果其他人从 Docker Hub 上下载此镜像，实际下载的数据量会更小。

这就是构建基于容器的服务的全部过程。本书用了非常多的篇幅来讲如何进行隔离，这里又提供了一种方式，它甚至比之前所有的方式都更加简单和可靠。运行在容器中的服务，独占了文件系统和计算资源，无论是与宿主机、还是与运行在同一宿主机上的其他容器都互不干扰。而且，可以无限次地从同一镜像生成相同的容器。可复现的部署终于得到完美的实现。

现在，让我们运行示例中的 build.sh，它将构建镜像并启动该镜像的一个容器。

在 build.sh 中，指定了容器的端口为 7878。现在，容器已经启动，服务也正在运行，让我们访问它吧。在浏览器地址栏中输入"http://ip-to-host:78781"（需要将 ip-to-host 替换为实际部署运行示例容器的机器的 IP 地址），将看到如图 11-7 所示的界面。

You See this from a Python service running in a container

图 11-7　勇气号火星探测器